铀矿生物浸出中 *Acidithiobacillus ferrooxidans* 菌与 *Acidiphilium multivorum* 菌协同作用机制

袁志华　孙占学　周仲魁　著

中国原子能出版社

图书在版编目（CIP）数据

铀矿生物浸出中 Acidithiobacillus ferrooxidans 菌与 Acidiphilium multivorum 菌协同作用机制 / 袁志华，孙占学，周仲魁著. — 北京 ：中国原子能出版社，2023.12

ISBN 978-7-5221-3152-8

Ⅰ. ①铀… Ⅱ. ①袁… ②孙… ③周… Ⅲ. ①铀矿-细菌浸出 Ⅳ. ①TD853.37

中国国家版本馆 CIP 数据核字(2023)第222004号

内容简介

本书针对铀矿生物浸出过程中混合菌群微观作用机制不清问题，以耗散结构理论为基础，建立了铀矿生物浸出过程中 *Acidithiobacillus ferrooxidans*（*A.f*）菌与 *Acidiphilium multivorum*（*A. m*）菌的生长动力学模型，明析了生物浸铀体系中微生物间相互作用的消涨动态过程，探索了铀矿生物浸出中 *A.f* 菌与 *A. m* 菌协同作用机制，拓宽了生物浸铀体系中微生物间相互作用的理论解析，为深入了解生物浸出过程提供了新视角与新方法，对有效调控生物浸铀过程，提升浸铀效率具有指导意义。本书可供铀资源开采、生物浸出等领域科研工作者和高校师生参考。

铀矿生物浸出中 *Acidithiobacillus ferrooxidans* 菌与 *Acidiphilium multivorum* 菌协同作用机制

出版发行 中国原子能出版社（北京市海淀区阜成路 43 号 100048）
责任编辑 韩 霞
责任校对 刘 铭
装帧设计 侯怡璇
责任印制 赵 明
印 刷 北京厚诚则铭印刷科技有限公司
经 销 全国新华书店
开 本 787 mm×1092 mm 1/16
印 张 9. 25 **字 数** 210 千字
版 次 2023 年 12 月第 1 版 2023 年 12 月第 1 次印刷
书 号 ISBN 978-7-5221-3152-8 **定 价** **50. 00** 元

前言

随着我国对铀资源需求的不断增加，生物浸出技术在铀矿冶金工程中的应用越来越受到广泛关注，铀矿生物浸出过程中微生物之间的协同作用已成为研究热点。通过文献调研发现，*Acidithiobacillus ferrooxidans* 菌（简称 *A.f* 菌）与 *Acidiphilium multivorum* 菌（简称 *A. m* 菌）具有铁和碳循环的协同作用，使得它们获得了更长久的能源物质，它们可能会稳定在某一个数量，这就是自组织现象。目前文献中较少研究 *A.f* 菌与 *A. m* 菌协同作用的自组织现象，这种自组织现象是耗散结构理论的研究对象。因此，*A.f* 菌与 *A. m* 菌的协同作用与耗散结构理论存在天然的契合点。本书以耗散结构理论为基础，建立铀矿生物浸出过程中 *A.f* 菌与 *A. m* 菌的生长动力学模型，厘定 *A.f* 菌与 *A. m* 菌协同作用自组织演化过程，探索铀矿生物浸出中 *A.f* 菌与 *A. m* 菌协同作用机制，取得了如下主要成果与认识。

1）铀矿生物浸出中 *A.f* 与 *A. m* 微生物系统具备耗散结构特征。从理论和试验角度证明了铀矿生物浸出中 *A.f* 与 *A. m* 微生物系统满足耗散结构的开放系统、非线性关系、远离平衡态和涨落四大必要条件。以 745 铀矿石为材料的生物浸出中，*A.f* 菌群与 *A. m* 菌群（10∶1）在初始 pH 为 1. 8、温度为 30 ℃、矿浆浓度为 5%和 Fe^{2+} 浓度为 5 g/L 等的最佳环境条件下，其相互生长为非线性关系，在混合浸出第 48~60 个小时，*A.f* 菌密度稳定在 2.8×10^9 个/毫升左右，*A. m* 菌密度稳定在 2.6×10^8 个/毫升左右，表明 *A.f* 菌与 *A. m* 菌群远离了平衡态，通过涨落，到达耗散结构状态。*A.f* 菌与 *A. m* 菌为 10∶1 菌组中铀的浸出效率比纯 *A.f* 菌组高出 10. 25%，表明 *A.f* 菌与 *A. m* 菌互为协同，提升了铀矿的生物浸出效率。

2）构建了铀矿生物浸出中 *A.f* 菌与 *A. m* 菌生长动力学模型。运用耗散结构理论中的非线性特性，根据生物浸铀中 *A.f* 菌与 *A. m* 菌协同作用的特点建立了其生长动力学模型，并进一步得出了生物浸铀中 *A.f* 菌与 *A. m* 菌协同作用的稳定态点及其稳定条件。*A.f* 菌与 *A. m* 菌协同作用的稳定条件为 *A.f* 菌与 *A. m* 菌对对方正向贡献率乘积小于 1，微生物系统到达耗散结构。研究表明通过模型预测的稳定态点与试验 *A.f* 菌与 *A. m* 菌密度相差较小，说明生物浸铀中 *A.f* 菌与

A. m 菌生长动力学模型拟合效果较好。

3）厘定了铀矿生物浸出中 *A.f* 菌与 *A. m* 菌协同作用自组织演化过程。通过对铀矿生物浸出过程的研究发现，*A.f* 菌与 *A. m* 菌微生物系统是一个开放系统，并能得到足够强大的外界负熵使系统远离平衡态，处在非线性区；微生物系统通过不断的自我复制、自我放大正反馈，使得涨落累积放大，引发突变，当 *A.f* 菌与 *A. m* 菌对对方正向贡献率乘积小于 1 时，系统进入耗散结构分支，会自组织稳定在稳定态点，形成有序的耗散结构，最终实现高效生物浸出。

4）探索了铀矿生物浸出中 *A.f* 菌与 *A. m* 菌协同作用机制。以 745 铀矿为浸出材料，开展 *A.f* 菌与 *A. m* 菌协同浸铀时，*A. m* 菌的铁还原作用协同 *A.f* 菌的铁氧化作用，促进浸出体系中铁的循环，铁循环使得 *A.f* 菌与 *A. m* 菌获得了更长久的能源物质，促进了它们的生长繁殖；*A.f* 菌在浸铀过程中，会产生有机物，这些有机物会限制 *A.f* 菌的生长繁殖，但 *A. m* 菌在铁还原过程中能利用这些有机物进行异养生长，因之可解除其对 *A.f* 菌生长繁殖的抑制作用，同时产生 CO_2，能进一步为 *A.f* 菌提供无机碳源。因此，*A.f* 菌与 *A. m* 菌协同作用机制主要表现为 *A.f* 菌与 *A. m* 菌的铁循环和碳循环的协同作用。

本书所涉及的研究工作得到了东华理工大学核资源与环境国家重点实验室开放基金项目（NO. 2022NRE20），国家自然科学基金项目（NO. 41772266），东华理工大学博士科研启动基金项目（NO. 2023013）、学术专著出版基金（NO. DHXZ202307）和土木与建筑工程学院“十四五”一流学科经费等的资助。在本书的撰写过程中，得到了东华理工大学刘金辉教授、刘亚洁教授、李江教授、周义朋教授、王学刚教授、陈功新教授、马文洁副教授、王健老师等的指导和帮助，在此一并表示感谢！此外，还要感谢博士、硕士研究生们，他们是盛严武、李思雨、张益硕、朱芳芳、刘泓伟、袁家懋等的帮助，他们付出了辛勤的劳动。

由于作者水平有限，书中难免存在不足之处，恳请读者批评斧正！

目录

第 1 章　绪　论

1.1　研究背景

我国 2030 年前碳达峰、2060 年前碳中和“双碳”目标，彰显了我国坚持绿色低碳发展的战略定力和积极应对气候变化、推动构建人类命运共同体的大国担当。实现“双碳”目标，发展清洁能源是关键。安全高效发展核电是我国向世界兑现承诺的战略选择之一，是实现“双碳”目标的有效途径。因为核电具有生产过程中不排放温室气体，全寿期碳排放量小，同时具有能量密度高、无间歇性、占地面积小、受自然条件约束少等优点[1]。天然铀是核电的粮食，保障天然铀产品的可靠供给至关重要。基于中国国民经济发展状况，国内外机构和学者[2]对 2021 年到 2030 年中国核电规模目标发展趋势进行预测（见图 1.1），2030 年中国将建成运行总装机容量为 1.18×10^8 kW（低方案），核电当年所需天然铀为 2.2×10^4 t，当年消耗铀资源储量为 3.14×10^4 t。如果按核电机组的全寿期为 60 年计算，至 2030 年建成的所有核电机组总共需要消耗铀矿储量为 1.8×10^6 t。如果需求按高方案，对铀资源的需求将更为巨大。

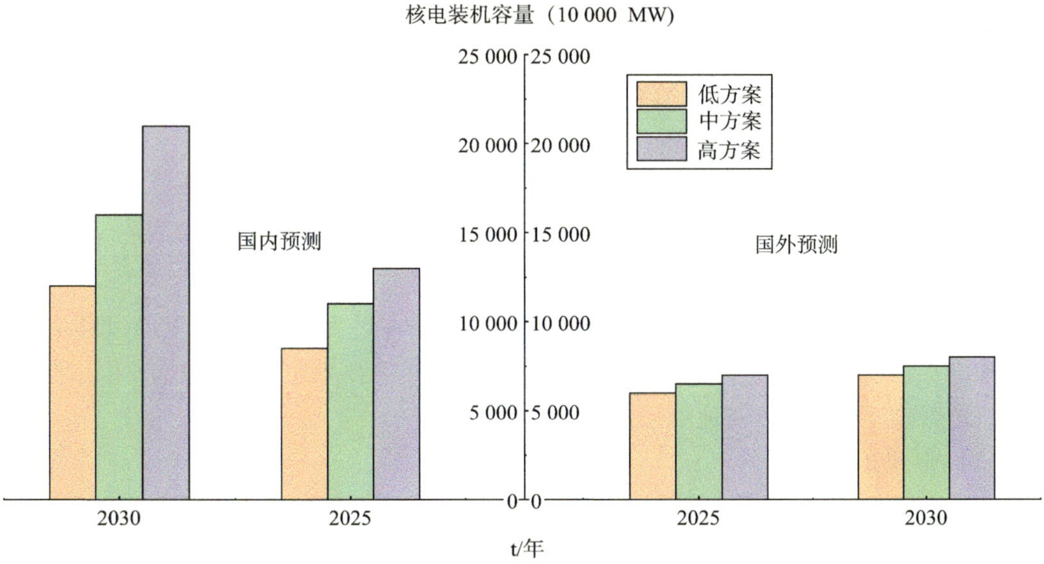

图 1.1　中国核电发展规模预测（万千瓦）[2]

我国 2019 年的铀产量为 1885 t[3]，因此当前铀资源产量与未来需求相比仍有较大差距。需充分利用“两个市场、两种资源”，以及核电发展三条渠道“国内保障三分之一、国际贸易三分之一和海外铀资源开发三分之一”的基本保障原则。但是国际政治经济环境日趋复杂，不确定性明显增加，新冠肺炎疫情影响广泛深远，经济全球化遭遇逆流，世界进入动荡变革期，单边主义、保护主义、霸权主义给全球能源供应链体系带来较大影响，对我国核电产业链和供应链安全、推进“一带一路”国际合作等方面带来新挑战[4]，这必然会增加国内铀资源开采的压力。因此，需加大国内铀资源的勘查力度，提升铀矿开采效率，保障有足够的供应比例[5]。

综上所述，提升铀矿开采效率是满足当前及今后我国铀资源需求的重要举措。我国铀矿禀赋特点是矿体形态复杂、难浸出、规模小、类型多及品位不高。传统浸出工艺如酸法、碱法等对复杂难处理、低品位铀矿浸出效率不高、开采成本高而且还会带来环境污染问题。生物浸出工艺具有经济、高效和环境友好等特点，在铀矿冶金工程中应用越来越广泛，特别适用于低品位、复杂难处理的铀矿中。大量文献研究表明混合菌种的生物浸铀效率比纯菌种更高，是因为菌种间产生了协同作用。耗散结构理论以开放系统为研究对象，着重阐明开放系统如何从无序走向有序的过程，解决了克劳修斯“宇宙热寂说”退化论与达尔文进化论矛盾问题，打通了各学科之间的藩篱，使之成为了具有概括性、整体性和适用性的独特方法论的综合科学，对于协同作用问题的研究具有重要的指导作用。耗散结构是指在远离平衡非线性区的条件下，当外界条件达到某一阈值时，量变可能引起质变，系统通过不断地与外界交换能量和物质，会出现一种自组织现象，组成系统的各子系统会产生一种互相协调的作用，借助于外界的能流和物质流而维持一种空间或时间的有序结构。因此，本书以耗散结构理论为基础研究铀矿生物浸出中 *A.f* 菌与 *A. m* 菌协同作用机制，从而提升铀矿生物浸出效率。

1.2 研究现状

1.2.1 铀矿开采工艺研究现状

生产铀的第一步是铀矿开采，我国铀矿开采技术在过去 50 年时间里通过移植、改进、推广、独创的过程逐步得到提高。当前，铀矿开采技术主要有常规开采、堆浸采铀、原地爆破浸出采铀以及地浸采铀技术。

（1）常规开采

铀矿山建设初期的采掘技术主要是移植有色金属矿山及煤矿的工艺和设备。第一代铀矿采冶技术体系大部分采用地下采掘（约占 80%），部分采用露天采掘，该体系包括：矿石开采、运输、选矿、破碎、浸出、浸出液处理、尾矿坝建设等工序[6]。常规开采方法通常会带来较为严重的环境污染问题，主要有固体废弃物、放射性氡气及废水污染。

（2）堆浸采铀

堆浸即堆置浸出法，该方法是在事先堆置好的矿石堆上喷洒配制好的溶浸液，再选择矿石中的目标成分进行溶解（浸出），形成离子或络合离子再将其转入溶液，以便进行进一步的提取或回收[7]。

堆浸提铀工艺是中国硬岩型铀矿冶生产的主要工艺，主要包括浓酸熟化—高铁淋滤堆浸技术、低渗透性矿石制粒堆浸技术、细粒级矿石堆浸技术、串联堆浸技术、伴生铀矿综合堆浸回收技术、渗滤浸出提铀及微生物氧化堆浸技术。本书重点介绍微生物氧化堆浸技术，因为该技术具有环境友好、高效和经济等特点[8-9]，是堆浸采铀技术未来的重点研究方向。

生物浸铀是利用微生物在生命活动中自身的氧化和还原特性，使铀矿中的铀成分氧化或还原，靠微生物的代谢产物与铀矿作用，溶解提取铀矿中的铀成分。1956 年葡萄牙的“镭公司”在第二届国际和平利用原子能会议上首次报道了铀矿生物浸出试验成果，随后铀矿生物浸出技术逐渐受到重视并在多国应用。20 世纪 60 年代加拿大伊利埃脱湖地区铀矿进行了生物浸铀试验，并实施工业化应用，产能达 60 t（U_3O_8）以上。法国的埃卡尔勃耶尔铀矿将传统的化学浸铀调整为生物浸铀，取得较好的效益。英美俄等国也相继开展了铀矿生物浸出技术的研究和应用。我国在铀矿生物浸出方面的研究开展较晚，从 20 世纪 90 年代起中国核工业集团、北京有色金属研究总院、核工业北京化工冶金研究院、南华大学及东华理工大学等单位就生物浸铀开展了相关的研究工作，在贫矿及复杂难浸矿的开发方面取得了显著效果[10-11]。

孙占学等[12]在 721 矿山南矿区进行了废石生物堆浸试验，通过试验发现，粒度不超过 25 mm、铀品位 0. 024 5%的矿样铀浸出率为 63%～73. 6%，这说明微生物在表外铀矿石铀元素的回收和废矿处理等方面具有较大的应用潜力。在我国南方，一些硬岩型的铀矿床和萤石相伴而生，具有高氟的特点。过高的氟含量会使堆浸出现板结甚至堵塞，也会使吸附树脂出现结块，从而影响微生物的活性，使铀矿微生物的浸出效率降低[13]。目前，有两种最有效的方法解决此类矿石的浸出问题：一是选择具有高耐受性的菌群；二是对铀矿石降氟。朱曙光等[14]利用生产线上对氟具有较高吸附能力的铀矿“111”产品，对高氟铀矿进行降氟处理，取得了较为理想的成果。刘思维等[15]通过系统的菌活性匹配试验，发现在 B3mYP1Q 菌群的作用下，南方某铀矿床的高氟铀矿石的浸出率分别为 97. 99%和 95. 93%，耗酸分别为 3. 5%和 3. 24%，其效果明显比另一菌群和化学浸出要好，由此说明利用该菌群对高氟铀矿石进行浸出能够取得较好的效果。

我国堆浸提铀技术研究始于 20 世纪 60 年代，经过几代铀矿冶科技工作者的不断努力探索，已经在许多技术领域取得了突破，一大批科研成果已成功应用于堆浸提铀工业生产，并且取得了显著的经济效益，若能选育出高耐氟低硫的微生物菌种，则将为南方硬岩型铀矿重启奠定坚实基础。目前还针对堆浸铀尾渣、含放射性废石处置难等问题，结合“协同开采”理念，提出了硬岩铀矿无废协同开采模式。该模式通过优化回采工程布置、充填与尾废处置工艺，使采矿、堆浸、充填与堆排在时间和空间上实现协同，达到铀矿资源的安全高效开采和铀矿冶尾废的绿色无害处置[16-17]。

（3）原地爆破浸出采铀

原（就）地爆破浸出开采即通过井巷工程和挤压爆破技术，就地崩落矿石，构筑矿石微细裂隙发育、级配合理、孔隙度均匀适度、渗透性良好的采场矿堆，然后布洒溶浸剂到矿堆，选择矿石中的有价金属浸出，收集浸出的含金属溶液并将其转送至地面加工回收金属，就地处理矿碴。原地爆破浸出采铀主要包括爆破落矿筑堆技术、采场布液浸出技术和采场集液及防渗堵漏技术。该方法特点是：约 80%的矿石就地布液浸出，另外约 20%的附产矿石出窿地面堆浸。与堆浸方法相比，该方法可降低采切工程量，减少废石和尾渣的排放。

（4）地浸采铀

原地浸出采铀（简称地浸采铀）是一种新型铀矿开采方法，它是在天然埋藏条件下，利用溶浸液与矿物的化学反应，有选择地溶解矿石中的铀，却不会使矿石产生位移，如图 1.2 所示。与常规矿山的生产模式相比，该方法具有较多优点，如工艺简单，建设成本和生产成本低、环保及资源利用率高。在我国南方硬岩型铀矿逐渐被关停，北方陆续发现了规模较大的砂岩型铀矿，到 2020 年，地浸矿山采铀产量占中国天然铀总产量的 80%以上[18]。不仅在我国，而且地浸技术也因其经济、环保、高效已成为世界铀矿开采的主流技术[19-21]。目前，地浸采铀的主要工艺有以下几种。

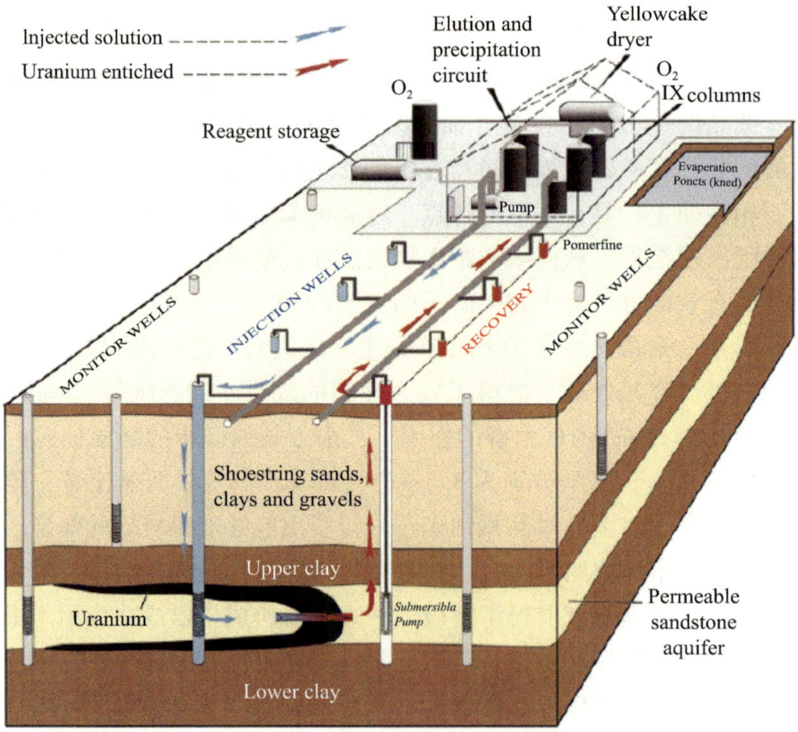

图 1.2 地浸采铀原理图[22]

1）酸法工艺

酸法地浸采铀适用于含矿层中碳酸盐（CO_3^{2-}）不超过2%的条件下，当含矿层中碳酸盐含量太高时，将会消耗大量的酸，从而造成酸法工艺不经济[23]。世界上大多数从含铀矿物（如 UO_2）中提取铀的工艺都涉及氧化/酸溶解的过程（以硫酸为主要酸）[24]。Alexander 等[25]在研究 UO_2 氧化溶解过程中，清楚地表明 UO_2 在酸性条件下比碱性环境和碳酸盐溶液中的溶解速率更快。在酸性条件下，将黄铁矿中的铁氧化为三价铁离子，由三价铁离子将U（Ⅳ）氧化为U（Ⅵ），UO_2^{2+} 与硫酸发生络合反应，形成硫酸盐络合物，化学反应式如下：

$$UO_2+2Fe^{3+} \longrightarrow UO_2^{2+}+2Fe^{2+}$$

$$UO_2^{2+}+nSO_4^{2-} \longrightarrow UO_2(SO_4)_n^{(2n-2)-}$$

该工艺最早起源于乌克兰的Devladovo矿床和乌兹别克斯坦Uchkuduk矿床，目前已经成为地浸采铀的主要工艺之一[26-27]。

酸法地浸采铀的优点：①铀回收率较高（70%~90%），浸出成本低；②酸法浸出周期相对短，为2~5年（取决于井场规模、矿石渗透率，井网等）；③可能回收金属副产品；④由于低渗透化学沉淀物使流动阻塞，所以超出浸出现场范围的渗漏有限；⑤由于再循环溶液中广泛存在着氧化铁，所以不需要加氧化剂。

酸法地浸采铀的缺点：①耗酸量较高、浸出液杂质含量较高，存在着污染地下水风险；②堵塞风险，主要包括化学堵塞和气泡堵塞。酸法地浸时，由于溶浸液与岩石（碳酸盐、高价铁的氧化物、磷酸盐类）反应使总矿化度增加几十倍，可能会产生淤塞现象而堵塞溶浸通道，还有围岩中的 $CaCO_3$ 和 H_2SO_4 反应生成 $CaSO_4$，其溶解度低，造成堵塞钻孔，加之放出的碳酸气可以淤塞矿层并降低其渗透性；③不得不使用抗腐蚀材料和设备，试剂费用也相对高。

2）碱法（碳酸盐浸出）工艺

碱法地浸采铀适用于含矿层中碳酸盐（CO_3^{2-}）超过2%的条件下，通常采用碳酸钠、碳酸氢钠、碳酸盐铵和重碳酸铵为浸出剂，六价铀在弱碱性介质中可形成易溶的络合物，生成三碳铀酰 $[UO_2(CO_3)_3]^{4-}$ 或二碳酸铀酰 $[UO_2(CO_3)_2]^{2-}$[28]，化学反应式如下：

$$UO_3+3Na_2CO_3+H_2O \longrightarrow Na_4[UO_2(CO_3)_3]+2NaOH$$

$$UO_2(\text{固体})+CO_3^{2-}(\text{水相})+2HCO_3^{-}(\text{水相})+1/2O_2 \longrightarrow [UO_2(CO_3)_3]^{4-}+H_2O$$

美国铀矿床的矿石中方解石含量很高，主要采用高含量碳酸氢盐的氧化溶液作为浸出剂的地浸工艺，但不同时期使用的浸出剂有所不同。美国早期（1970—1980年）的铀矿地浸的浸出剂是空气、氯酸钠、次氯酸钠或高锰酸钾等氧化剂与碳酸氢钠或碳酸氢铵的混合试剂[29]。

与酸法浸出比较，碱法浸出的优点是：①对金属的腐蚀性较小；②对铀矿物选择性较强，浸出液杂质低，碱性浸出剂消耗少，对采取地下水影响较小；③在碳酸盐溶液中钼、铼和钒的化合物有很好的溶解度，易于对它们同时回收。

与酸法浸出比较，碱法浸出的缺点是：①浸入溶液中的铀较少（平均少10%），在溶液中铀的浓度较低；②极大地延长了浸出时间（约是酸法的1.5~2倍）；③一般需加入氧化剂；④因其浸出过程中产生碳酸钙，可能会引起堵塞。

3）CO_2+O_2 浸出工艺

CO_2+O_2 地浸采铀，是在铀矿床天然地下水中加入 CO_2+O_2 配制的浸出剂进行的，以相对廉价的氧气作为氧化剂，将四价铀氧化成六价铀，CO_2 的溶解及其与矿床中的碳酸盐反应增加了地下水中原有的 HCO_3^- 含量，HCO_3^- 与已氧化的六价铀发生络合反应而将四价铀浸出，络合物为 $UO_2(CO_3)_3^{4-}$、$UO_2(CO_3)_2^{2-}$，其中 $UO_2(CO_3)_3^{4-}$ 比 $UO_2(CO_3)_2^{2-}$ 含量高，溶浸液中铀以 $UO_2(CO_3)_3^{4-}$ 形态为主。化学反应式如下：

$$UO_2(s)+0.5O_2 \longrightarrow UO_3(s)$$

$$CO_2+H_2O \longrightarrow H^++HCO_3^-$$

$$CO_2+CaCO_3+H_2O \longrightarrow Ca^{2+}+2HCO_3^-$$

$$UO_3(s)+nHCO_3^- \longrightarrow [UO_2(CO_3)_n]^{2-2n}+nH_2O$$

这种工艺是以 CO_2 和 O_2 为消耗原材料，从源头上控制了污染源，同时有效减少温室气体排放，不仅节约试剂、对地下水污染较小，采铀结束后井场复原容易，费用相对较低，而且在处理一些复杂的、含碳酸盐高的砂岩型铀矿床时有独特的优势，该浸出工艺有“环境友好型”的美称，在我国北方多个铀矿床被应用[30-31]。美国最早开展了 CO_2+O_2 地浸采铀技术并实现工业化应用，随后，该工艺相继在中国、澳大利亚以及巴基斯坦、乌兹别克斯坦等中亚国家开发和应用[8,32]。我国在内蒙古和新疆部分铀矿床中也采用了中性地浸采铀工艺，占国内总产能的一半以上，具有良好的经济性，并且从根源上控制了污染源的产生[33]。

这种地浸工艺与以往的常规碱法浸出有很多不同，其中溶液的pH和 HCO_3^- 是影响 CO_2+O_2 地浸采铀的主要工艺参数，在适宜的pH（一般为7左右）和 HCO_3^- 下，就能最大限度地将已氧化的六价铀浸出。只要严格控制这两个工艺参数，就能防止在矿层中形成碳酸钙沉淀，保证地浸液的流通。在 CO_2+O_2 地浸工艺基础上延伸出 $CO_2+NH_4CO_3+O_2$ 浸出工艺，应用 $CO_2+NH_4CO_3$ 的溶液为溶浸液，O_2（有时也用 H_2O_2）作为氧化剂进行浸出[34]。

4）中性浸出

针对酸法和碱法地浸的不足，研发出了中性浸出。pH为中性条件下的铀浸出称为中性浸出，中性浸出也可称为中性弱碱性或弱酸性浸出。中性浸出有两种：一种是前述的 CO_2+O_2 浸出，一种是微酸浸出。微酸浸出立足于酸性浸出的基础上，pH呈弱酸性。微酸的中性浸出条件是矿石中含有一定量的碳酸钙，在注入低浓度的硫酸后，硫酸与碳酸钙作用产生 HCO_3^- 和 CO_3^{2-}。铀化合物可与这两种离子反应，生成碳酸铀酰络合物 $UO_2(CO_3)_2^{2-}$ 和 $UO_2(CO_3)_3^{4-}$。一般情况下，要实现这种中性浸出，浸出剂pH应小于4，酸浓度小于2 g/L为宜。这是一种利用矿石中碳酸钙的浸出，碳酸氢盐的存在及浓度主要取决于矿石中碳酸钙的含量，当碳酸钙含量约为2%时，对浸出十分有利，当碳酸钙含量大于3%时，耗酸和时间会大大增加。这种类型的中性浸出目前只用在矿层已被充分氧化，并且前期用较高浓度的酸开采一段时间的条件下。该方法浸出液中铀浓度低，浸出时间长。

5）生物浸出工艺

1990年，苏联开展了生物地浸采铀尾液中二价铁离子的实验室及现场试验工作。乌兹别克斯坦也进行了大量有关生物地浸采铀研究和应用，取得了较好的效果[35]。1993年，我国核工业北京化工冶金研究院分别在云南腾冲和新疆伊宁开展了国内首次生物地浸采铀现场试验，微生物氧化效果及铀矿浸出效果都较好[36]。近年来东华理工大学研发出了高矿化度溶浸体系中冶金菌的驯化、组合及分子生态监测技术，建立了全国最大的嗜酸性浸铀微生物菌种库[37]。

微生物地浸是在传统酸法地浸工艺的基础上，用菌浸液替代原有化学溶液，添加酸度约3~4 g/L的硫酸作为溶浸液，从天然埋藏条件下相似于酸法地浸的工艺进行原位浸矿[38]。Kaksonen等[39]对原位环境下水下生物氧化的概念进行了探索，通过模拟地下曝气减少单质硫的堆积、提高微生物活性和促进铁的氧化，认为微生物地浸具有可行性。原核工业第六研究所在新疆512矿床开展了用菌液代替双氧水的试验[40]，结果显示，菌液和双氧水的浸铀效果相差不大，因此，完全可以用微生物作氧化剂替代双氧水，而且能降低70%的成本。针对512矿床铀资源难浸的问题，东华理工大学利用“两段法”分别在该矿床新采区和老采区开展了生物地浸采铀试验，即利用地表设施培养生产菌液，以此作为溶浸液加入矿层进行浸铀，在新采区采用“4注1抽”，结果表明，通过生物地浸试验得出的铀浓度比酸浸提高3.7倍；老采区采用“6注2抽”和“11注6抽”，结果显示，利用生物地浸采铀试验得出的铀浓度比酸法提高60%~170%。2013年，该工艺在512矿床进行推广应用，其效果明显比酸法更好，而菌液生产能力不足是该工艺无法进行规模化应用的主要因素，因此，要满足采区规模的生产需求就需要建设庞大的地表设施，为了解决这一难题，周义朋教授提出在矿层原位培养繁殖铁/硫氧化细菌进行地浸采铀的技术思路，从而达到生物地浸技术产业化应用的目标。

综上所述，铀矿常规开采技术会带来较大环境污染问题，目前较少应用。堆浸提铀工艺是我国南方硬岩型铀矿冶生产的主要工艺，若能选育出高耐氟的微生物菌种，则将为南方硬岩型铀矿重启奠定坚实基础。目前我国铀矿开采应用最广泛的技术是地浸采铀技术，主要有酸法、碱法、“CO_2+O_2”、中性及生物浸出工艺，选择哪种浸出工艺，应依据矿岩组分和铀矿石的地质工艺特征而定。酸法和碱法浸出工艺会面临化学堵塞风险，“CO_2+O_2”浸出工艺中对二氧化碳和氧气的加入量需进行严格控制，这样就可以将引起沉淀堵塞的敏感因子（如体系pH、Ca^{2+}、HCO_3^-、SO_4^{2-}等）严格控制在边界条件内，解决堵塞问题。所以“CO_2+O_2”浸出工艺不仅被称为“环境友好型”工艺，还被视为我国第三代铀采冶技术，有望成为“走出去”的新生力量，达到了绿色矿山的要求。生物浸出工艺具有经济、高效和环境友好等特点，在铀矿冶金工程中应用越来越广泛，特别适用于低品位、尾矿及老采区铀矿中，我国很多闲置或废弃的硫化物包裹类铀矿资源可以通过生物浸出技术加以利用，铀浸出率可达到96%，而且有可能将铀矿资源开采品位从当前的千分之一降至万分之三，最终大幅增加铀矿可经济开采储量[41]，因此生物浸出技术发展前景十分广阔。

1.2.2 微生物协同作用研究现状

(1) 铀矿生物浸出技术影响因素

1) 优良菌种选育

浸矿微生物受环境体系中溶液温度、pH、溶解性总固体（TDS）、营养物、氧源、碳源、表面活性剂、有害物质浓度（如 F^-、Al^{3+}、重金属）等因素影响而抑制生长，有时甚至造成菌体死亡。因此，必须通过筛选、驯化细菌，提高细菌对环境体系变化的适应性和对有害物质的耐受性，从而提高细菌的生长繁殖速度和活性。铀矿生物浸出过程中，使细菌维持最佳生长繁殖速度的 pH 为 1.8~2.0，而防止在浸出过程中形成黄钾铁矾和磷酸铁沉淀条件为 pH 小于等于 2.0，因此，应控制浸出液 pH 小于等于 2.0。对于氧化亚铁硫杆菌而言，溶液中总盐度大于 120 g/L、SO_4^{2-} 大于 80 g/L、F^-大于 1.8 g/L 是影响活性的极限质量浓度。细菌生长所需要的大部分营养物质都可从浸矿溶浸液中获得，当某种营养物质不足时，可向浸矿溶浸液中适当补充。溶浸液中溶解氧质量浓度的下限与细菌活性有关，当溶解氧质量浓度低于 0.5~1.0 mg/L 时，细菌将处于休眠状态而失去活性；当溶解氧质量浓度提高时，细菌活性可以逐渐恢复。此外，二氧化碳的供给量过低也会影响细菌活性，应尽量使溶浸液的溶解氧及 CO_2 接近饱和状态。温度是影响细菌生长的重要条件之一。当细菌在最适温度生长时，细菌活性好，铀浸出效果最好。所以维护浸铀微生物菌群的生长繁殖的最佳营养物质、pH 和温度等因素非常必要。

2) 矿石性质

矿石性质如矿石物质组成、粒度、渗透性、化学成分等都将影响微生物、溶浸液与矿物的相互作用，从而影响铀浸出效果。一般说，随着矿石粒度减小，相对表面积增大，有利于微生物、溶浸液与矿石接触，从而增大铀矿浸出速度和浸出率。然而当矿石粒度过于细小时，矿堆堆积紧密，矿堆内空气的流通性和浸出液的渗透性都将降低。因此，应该通过试验研究选择最佳的矿石粒度。矿堆渗透性是影响堆浸效果的关键工艺条件之一，增加矿堆渗透性可以缩短堆浸周期、提高铀矿浸出率。生产中为使矿堆具有良好的渗透性，应采用正确的筑堆方法和先进的筑堆设备，保证矿堆中粗细矿石均匀分布和筑堆机械不压实矿堆。同时，铀矿生物浸出过程中利用表面活性剂、高频电磁场、微波和助渗剂等方法能提高矿堆渗透系数、增大固/液接触面积、增大矿石空隙率、从而在增加铀矿浸出效果中发挥重要作用。此外，研究发现通过翻堆也能减轻矿堆中结垢和板结程度，改善矿堆渗透性和提高铀的回收率。铀矿石化学成分复杂，如钙、铝、萤石等含量高，生物浸出过程中易产生硫酸钙、黄钾铁矾和氢氧化铁等沉淀，溶浸液中 Al^{3+}、F^-浓度过大都会影响细菌的生长、繁殖甚至存活。因此，有目的地将矿石中某些组分采取针对性的措施消除或减小其影响，将会提高铀矿生物浸出效果。

3）浸矿工艺参数

溶浸液酸度与喷淋强度是铀矿生物堆浸的重要工艺参数，也是影响浸出周期的重要因素，其与矿堆结垢和板结现象有密切关系。铀矿生物堆浸过程中，过高浓度硫酸容易把矿石中钙、镁等杂质溶解下来，形成二次沉淀，造成矿石泥化、矿堆堵塞和板结，影响堆浸效果，增加生产成本。我国铀矿生物堆浸布液过程中不同阶段采用不同硫酸浓度与喷淋强度，初始使用硫酸质量浓度为10~40 g/L，并且随着浸出时间延续酸度逐渐降低至2~3 g/L，常常会取得较好浸铀效果。另外，根据铀矿石岩性在不同浸出阶段采用不同喷停比或喷淋制度，如对硬岩型铀矿石，在浸出液铀浓度达到峰值前，使用较大喷停比，即延长布液时间；在铀浓度达到峰值后，逐渐缩短布液时间，使用较小的喷停比，可以获得缩短浸出周期和提高浸出率的效果。

浸矿体系pH对细菌氧化活性和生长繁殖速度影响显著，为了使细菌具有快速氧化能力，一方面应通过驯化培养使细菌尽量适应其环境pH，另一方面应控制溶浸液酸度，使浸出液pH低于2.0以防止铁沉淀产生。Eh是判断铀矿浸出体系氧化还原条件和微生物生长状况的重要参数，主要决定于溶液中Fe^{3+}与Fe^{2+}浓度比。保证U^{4+}氧化为U^{6+}的最低Eh为400~450 mV。

4）新型生物浸出工艺设备

铀矿生物浸出工艺设备主要指生物氧化再生装置和生物浸矿设备。针对如何提高菌液生产速度，一些研究机构和研究人员研制了不同的生物氧化再生装置，主要包括两个方面：一方面研究了在氧化再生装置中放置不同种类的载体，使微生物群体大量附着于载体上，快速提供菌液；另一方面，为了使微生物生长的潜伏期缩短或消失，提高微生物氧化Fe^{2+}速度，Eisapour等[42]研究了通过改进氧化曝气装置，减小气泡大小对生物膜脱落的影响和浸没式蜂房状填料和类似于泡罩塔的生物膜连续氧化装置氧化Fe^{2+}速度。

为了改善生物浸矿效率，一些研究机构和研究人员研究了一些新式的生物浸矿设备。伊尔库茨克稀有金属研究院研制了一种专门设备——生物浸出脉动柱。该设备在动力消耗方面符合生化过程的特性，并保证充入矿浆空气中氧的最大利用率，搅拌器可保证“剪切应力”最小，因此微生物的细胞膜得以维持，使其在硫化物颗粒表面上的固定过程可满意地进行。为了缩短生物浸矿周期，英国戴维麦吉有限公司和加的夫理工学院研究认为由于被浸矿石对微生物生长繁殖不利，生物氧化浸矿反应速度慢，同时微生物生长繁殖和矿物浸出的操作条件是不一致的，二者在同一设备中进行是不可行的。实践证明，常规的生物搅拌浸出设备要满足这些相互抵触的操作条件是困难的。因此，它们提出了生物反应器—矿物浸出发生器的概念设备，即生物反应器中可严格控制温度、酸度、搅拌强度、通气速度、金属离子浓度及含固量等条件，微生物在最佳条件下快速生长。首先在生物反应器产出的溶液中含有最高微生物浓度的条件为pH约为1.5，Fe^{3+}等于10 g/L，Eh大于500 mV。然后将生物反应器产生的菌液用泵输往矿物浸出发生器进行生物浸出。

（2）自养与异养菌协同作用研究现状

由于铀矿生物浸出技术具有经济、高效和环境友好等特点，发展前景十分广阔，目前生物浸出过程中微生物之间的协同作用成为了研究热点[43]。Eacelar 等[44]通过混合自养菌和异养菌对黄铁矿浸出进行研究，发现异养菌的加入促进了自养菌对黄铁矿的浸出效率，效率提高的原因是异养菌与自养菌间的协同作用。Johnson 等[45]研究表明，浸矿细菌的一些自身代谢产物对细菌生长有抑制作用，所以加入以有机物作为能源的异养菌混合培养会有助于这些微生物生长。在随后的实验中，发现用分离到的异养菌混合 *Acidithiobacillus thiooxidans*（简称 *A. t*）浸出黄铁矿，异养菌对其有明显促进效果。刘宏伟[46]指出实际生物浸出环境中的微生物体系是微生物群落，群落中的自养型和异养型微生物存在竞争、吞噬、共生和协同关系。Nguyen 等[47]研究表明，微生物浸出中采用混合菌群要比单一菌种浸矿效果更优。在混合菌种中，除了主要的自养菌外，另一部分异养菌能够加速金属浸出，这些异养菌在微生物浸矿过程中也起到了至关重要的作用，促进了浸矿效率[48-54]。Gurung 等[55]研究了在微生物浸矿过程中自养菌 *A.f* 与异养菌 *A. cryptum* 之间的协同作用，研究发现，*A.f* 能有效氧化各种化学形态的硫，使 *A. cryptum* 生长不受浸矿液中硫代硫酸盐的影响；同时，浸出体系中部分有机物可以被 *A. cryptum* 分解，阻碍有机物抑制 *A.f* 菌的生长。Zhang 等[56]采用混合 *A.f*（78.0%）、*Acidiphilium sp.*（15.5%，异养菌）以及少量的 *At. ferrivorans* 和 *A. t* 菌协同浸矿，结果表明，在 pH 2.0、Fe^{2+}浓度为 9.0 g/L、矿浆密度 15%（w/v）条件下，Cu 的浸出率达 95.6%。曾伟民[57]指出浸矿微生物会产生胞外多聚物（EPS），能有效地富集浸出液中的 Fe^{3+}，提高黄铜矿的浸出速率；然而胞外多聚物一旦产生，在生物浸出环境下很难降解或消除，在浸出后期还可能使得黄钾铁矾等沉淀到矿物表面，加剧矿物的钝化，从而抑制铜的持续浸出，加入异养型微生物及浸矿微生物耐酸驯化可有效减少黄钾铁矾沉淀，进一步提高生物浸出效率。李江等[58]通过铀矿微生物柱浸实验，发现混合菌群更适应浸出体系，对铁和硫的氧化性更高，尾液浸出可以循环利用，不仅可以降低成本，还能提升浸出率的稳定性，可在低品位的铀矿开采中加以应用[59-60]。Yang 等[61]分别采用纯的自养微生物 *A.f* 和混合异养微生物 *Acidiphilium sp.*（1∶1）浸出低品位铜矿石，结果表明，在 117 天内，纯培养和混合培养的金属提取率分别达到 14.87%和 20.11%，柱顶和柱底的自养和异养细菌比例分别为 1.20∶1 和 2.14∶1。

综上所示，以上文献研究表明生物浸出过程中自养与异养菌两者间存在协同作用。自养菌在浸出过程中，会产生有机物，这些有机物会限制自养菌的生长繁殖，但异养菌能利用这些有机物进行异养生长，因此可解除其对自养菌生长繁殖的抑制作用，提高了金属生物浸出效率。

（3）*A.f* 菌与 *A. m* 菌协同作用研究现状

自养 *A.f* 菌常被用于铀的生物浸出中，由于该菌也会产生有机物，阻碍了铀的进一步浸出。通过文献查找，发现异养 *A. m* 菌不仅能解除有机物对 *A.f* 菌的抑制作用，还具有铁的还原性。可利用 *A. m* 菌的铁还原作用协同 *A.f* 菌的铁氧化作用，促进浸出体系中铁的循环，铁循环使得 *A.f* 菌与 *A. m* 菌获得可持续的能源物质[62-63]。

Zhang[64]等研究了一株源自江西德兴铜矿矿区的中温嗜酸兼性异养菌 *Acidiphilium sp.* DX1-1 的分离、鉴定、特征及其浸矿行为，该菌株可以利用有机物进行异养生长也可以利用单质硫、三价铁等无机物进行自养生长；系统发育分析表明 DX1-1 属于 *Acidiphilium* 属，与 *A. m* 的同源性大于 99%。Wang[65]等利用 *A.f* 铁氧化性与 *A. m* 菌铁还原性构建循环生物矿化系统以达到回收酸性矿山废水中铁和硫酸盐，研究表明 *A. m* 菌具有铁的还原性，即在 *A. m* 菌的作用下 Fe^{3+} 能转化为 Fe^{2+}，铁的还原效率达到 87%，反应式如下：

$$24Fe^{3+}+C_6H_{12}O_6+6H_2O \xrightarrow{\text{Acidiphiliummultivorum}} 24Fe^{2+}+6CO_2(\uparrow)+24H^+$$

该式子可表明 *A.f* 菌与 *A. m* 菌存在碳循环协同作用，*A.f* 菌会产生有机物，这些有机物会限制 *A.f* 菌的生长繁殖，但 *A. m* 菌在铁还原过程中能利用这些有机物进行异养生长，因此可解除其对 *A.f* 菌生长繁殖的抑制作用，同时产生 CO_2，能进一步为 *A.f* 菌提供了无机碳源。*A.f* 菌与 *A. m* 菌这种碳循环作用机制也促进了它们的生长繁殖。Johnson[66]等研究表明 *A. m* 菌还原铁可发生在含氧和缺氧的酸性环境中。刘艳阳[67]等从云南省腾冲热泉酸性泥土样品中分离得到一株好氧嗜酸异养细菌 Teng-A，在好氧条件下，将菌株 Teng-A 分别与菌株 *A.f* LJ-1 和菌株 *L. ferriphilum* LJ-2 在 M9K 液体培养基中培养，当菌株 Teng-A 存在时，培养初期（前 3d）菌株 LJ-1 和 LJ-2 氧化 Fe（Ⅱ）的速率分别为 0.44 g/(L·d) 和 0.41 g/(L·d)，比菌株 LJ-1（0.64 g/(L·d)）和 LJ-2（0.60 g/(L·d)）单独培养时 Fe（Ⅱ）的氧化速率减慢，研究表明一部分被氧化的 Fe（Ⅱ）又被菌株 Teng-A 还原了；菌株 Teng-A 的 16S rDNA 基因测序结果表明菌株 Teng-A、与 *A. m* 菌相似性达到 99%。洪娴静[68]等利用自养菌 *L. ferriphilum* 与异养菌 *Acidiphilium sp.* 菌混合对低品位辉铜矿生物浸出试验，研究表明 *Acidiphilium sp.* 的铁还原作用协同 *L. ferriphilum* 的亚铁氧化能力促进浸出体系中铁元素循环，有利于矿物持续溶解；经 16Sr DNA 基因鉴定 *Acidiphilium sp.* 与 *A. m* 菌序列相似度达 99%。

综上所示，通过文献发现 *A.f* 菌与 *A. m* 菌具有铁和碳循环的协同作用，在酸性矿山废水和辉铜矿等矿物浸出中有应用，但在铀矿生物浸出中文献较少，*A.f* 菌与 *A. m* 菌在生物浸铀中能否产生协同作用以及该协同作用能否提高铀的浸出效率还需验证，*A.f* 菌与 *A. m* 菌是如何相互促进？使彼此更好地得到生长，两者相互促进生长的动力学模型是什么？生物浸铀中 *A.f* 菌与 *A. m* 菌协同作用机制是什么？*A.f* 菌与 *A. m* 菌的铁和碳循环协同作用，使得它们获得了更长久的能源物质，这种循环可能会使它们稳定在某一个数量，这就是自组织现象，目前文献中较少研究 *A.f* 菌与 *A. m* 菌协同作用自组织现象，这种自组织现象是耗散结构理论的研究对象。因此，*A.f* 菌与 *A. m* 菌的协同作用与耗散结构理论存在天然的契合点。可借助耗散结构理论研究 *A.f* 菌与 *A. m* 菌的协同作用自组织现象，探明铀矿生物浸出中 *A.f* 菌与 *A. m* 菌的协同作用机制。耗散结构理论对于协同作用问题的研究具有重要的指导作用[69-70]。因此，耗散结构理论可用于认识协同自组织的机制，即有序和无序相互转化的机制问题。

1.2.3 耗散结构理论及应用研究现状

（1）协同与协同理论

协同即将整体看成由许多要素组成的有机结构，各个组成部分之间通过相互联系和相互作用而产生协同效应，强调作用方向、功能和结构优化，实现要素内部和各个要素之间的协同联动，产生“1+1>2”的协同效应，弥补单一要素功能的不足，改变各自为政、实践过程步调不一致配合不足等现象，实现整体功能的提升。

协同理论主要包括耗散结构理论、联邦德国物理学家赫尔曼·哈肯提出的协同学以及法国数学家雷内托姆提出的突变论，相对于信息论、控制论、系统论等老三论而言，该三论被称为新三论。新三论是 1970 年后被确定并经过飞速发展的三门系统科学理论的分支学科。其中的耗散结构理论以开放系统为研究对象，着重阐明开放系统如何从无序走向有序的过程，解决了克劳修斯“宇宙热寂说”与达尔文进化论矛盾问题，打通了各学科之间的藩篱，使之成为了具有概括性、整体性和适用性的独特方法论的综合科学，对于协同问题的研究具有重要的指导作用。

（2）机制与协同作用机制

“机制”的基本含义就是指机器的各个部件在运转过程中相互作用的关系，进而在运转中实现机器的功能。《辞海》中对“机制”有如下解释：一是指“有机体的功能、构造以及相互关系”；二是指“系统内的组织或部分相互联系作用的方式和过程。”《现代汉语词典》里的“机制”泛指机体的构造和功能，工作系统内部的相互关系。

协同作用机制是一个完整的体系，既有内部要素协同又有整体协同，能够有效整合资源力量，形成合力，突破单向、一维的局限性，能够极大提高运行效果，与一般机制相比具有诸多优势。

（3）耗散结构理论的产生与发展

耗散结构理论的产生起源于热力学。19 世纪 20 年代卡诺出版的《论火的动力及能够发展这种动力的机器》专著首次阐述了热力学。19 世纪 50 年代克劳修斯提出了著名的热力学第二定律，克劳修斯根据热力学第二定律放大到宇宙中，得出了宇宙热寂学说，这与达尔文的生物进化论相矛盾。1969 年，普利高津在“理论物理学和生物学”的国际会议上正式提出耗散结构理论。普利高津在 1971 年出版的《结构、稳定和涨落的热力学理论》著作论述了耗散结构的热力学理论。20 世纪 70 年代，普利高津应用稳定性及分叉理论进一步完善了耗散结构理论，统一了克劳修斯宇宙热寂学说退化论与达尔文生物进化论的矛盾。改革开放后，学者沈小峰、胡岗、姜璐、汪培庄及方福康等人将耗散结构理论引入我国，并与普利高津教授建立了密切的学术合作。1979 年普利高津应邀参加了我国第一届非平衡统计物理学术会议并做学术报告。之后普利高津的著作在我国受到了广泛关注[71-74]。在中国知网上以耗散结构理论为主题词，中文论文有 2 110 篇。本小节将简要说明耗散结构理论创立的历史背景和普利高津个人对不可逆过程的认识及其思想方法。

1）对不可逆过程的兴趣和热情

普利高津原籍俄罗斯人，1917 年 1 月 25 日生于莫斯科。1921 年随家移居国外，1929 年在比利时定居，1949 年加入比利时国籍。他早年兴趣集中在历史、考古和哲学方面，后来转攻物理学、化学。1941 年在比利时自由大学获理学博士学位，1951 年任该校理学院教授，1959 年担任索尔维国际物理及化学研究所所长，1967 年又兼任美国德克萨斯大学统计力学研究中心主任。在漫长的科学生涯中，他一直保留着对历史和哲学的兴趣。这种对历史科学的兴趣和对哲学思辨的爱好，使他能跳出物理学的传统观念的框框，从更高的角度形成对时间和复杂系统的深刻的见解。在他看来，时间不应仅仅简单地作为力学方程中说明运动的一个参量，它联系着历史，联系着演化和世界的发展。这种观念激发了他对不可逆过程的浓厚兴趣，并成为他的不可逆理论的思想基础。

普利高津的科学生涯，是从研究化学反应溶液理论、对应状态理论及凝结阶段的同位素作用理论等问题开始的。这些工作使他从感性到理性上丰富了对不可逆过程的了解。他曾经写道：“热力学为我们提供的许许多多的观点和各种各样的前景中，使我感受强烈，并抓住了我的注意力的是这样一点：即这一切都明显地表现出‘时间的单向性’这个不可逆现象。”

在热力学发展早期，非平衡、不可逆现象一般被人们看作是令人讨厌的因素。例如，在晶体生长中，非平衡会破坏晶体十分美丽的规则晶格。在热机中不可逆过程妨碍了效率的提高。因此，在所有这些过程中，人们必须注意维护平衡，让过程尽可能“准静态”地接近平衡发展。这时，不可逆性成为人们需要小心避免的东西，对它的研究也得不到应有的重视。1946 年底，当普利高津在布鲁塞尔报告有关不可逆现象热力学的观点时，有位著名的热力学专家提出质问：“您对不可逆现象如此感兴趣，我深为震惊。有些不可逆现象与其说它演化的最后结果是平衡，倒不如说它们在本质上就是瞬息即逝的。”这种批评说明当时科学界对研究不可逆现象的严重忽视。但这种批评并没有动摇普利高津对不可逆问题的热情和对时间箭头的兴趣。科学研究的历史感启发他更乐于从积极方面来看待不可逆过程。他相信，在一定条件下，不可逆过程会产生令人讨厌的消极作用；但在另一类条件下，对不可逆过程的研究可能会带来理论和实践上具有重大意义的结果。普利高津及其合作者几十年如一日，把他们的主要精力和学识致力于不可逆问题的研究。他们把任何一项富有建设性的作用都归功于某种“过程”，而不是传统的以“静止”的态度对待它。这种态度的转变代表了人们认识的飞跃，这个飞跃成为导致耗散结构理论建立的起点。

2）从平衡态到近平衡态

普利高津首先把他的注意力从平衡态转移到近平衡态。这是由 20 世纪上半叶热力学和统计物理学发展状况决定的。

20 世纪初，以研究平衡态为主的经典热力学和统计物理学已基本建立，并在各方面得到广泛应用。它不仅为热机等应用科学奠定了理论基础，而且直接促进了量子论等现代科学的创立。统计力学和量子力学的结合，产生了量子统计力学，使统计方法深入到微观领域。经典热力学和统计物理学的巨大成功，鼓励人们将它极为普遍的形式从平衡态推广到非平衡态。第一步延伸自然是进入离平衡态较近的非平衡区，即所谓线性区。

在20世纪前半叶，主要研究的是近平衡线性区的不可逆过程，弛豫、输运、涨落等是这个区域的主要不可逆过程，它们都受趋于平衡和尽可能接近平衡这一总的倾向所支配。

1931年昂萨格在研究交叉输运过程中，提出了唯象系数的对称原理，即昂萨格倒易关系。后来，日本的久保学派又提出了在线性区的涨落耗散定律和线性响应理论。普利高津在昂萨格倒易关系的基础上继续工作，得到了最小熵产生原理。最小熵产生原理的提出，使人们在线性非平衡区找到了一个类似于平衡态的熵和自由能之类的物理量。在给定的外部条件下，这个量普遍地决定了系统的演化方向和最终定态。最小熵产生原理与昂萨格倒易关系、涨落耗散定律一起使线性非平衡热力学在与平衡热力学类似的普遍程度上建立起来。这是普利高津早期对热力学作出的一个重大贡献。

3）从近平衡态到远离平衡态——耗散结构理论的建立

最小熵产生原理在近平衡线性区的成功，使普利高津试图将它推广到远离平衡的非线性区去。然而，经过多年努力，这种尝试没有成功。人们发现，在这一领域，问题变得相当复杂。这时线性关系不再适用，昂萨格倒易关系不再成立。熵产生率不再随时间单调减少，而根据不同系统和不同条件，可增、可减、可随时间振荡变化。总之，在平衡态和近平衡态呈一定规律性的东西，在远离平衡态则依赖具体条件、具体系统表现出多样性。看来，远离平衡态的非线性区热力学应当另辟蹊径。

山重水复疑无路，柳暗花明又一村。普利高津为首的布鲁塞尔学派在挫折中吸取了有益的启示，认识到：远离平衡态的系统的热力学性质可能与平衡态、近平衡态的热力学性质有重大原则区别，即第二类进化的时间箭头有可能在远离平衡区域实现。他们在这种新的思想指导下重新进行探索，终于建立起一个新的学说——耗散结构理论。普利高津在回顾他在自己的科学生涯中走过的这段曲折道路时说：当我了解到昂萨格倒易关系和最小熵产生原理一般说来只是在不可逆现象的线性范围内有价值时：就提出了这样一个问题——在“昂萨格倒易关系之外，但仍在宏观描述的范围之内，远离平衡的稳定状态是会什么样子呢?”“这些问题整整使我们耗费了近20年的心血，即从1947年到1967年，最后终于得到了‘耗散结构’的概念。”

（4）耗散结构理论在矿物开采中的应用

乐励华[75]等以聚铀过程为例，对成矿系统运用耗散结构理论进行初步探讨。范钢伟[76]等通过耗散结构理论描述覆岩裂隙化程度与采空空间之间关系，揭示了系统隔水性能在临界开采尺度下的失稳阈值效应。王春来[77]等运用耗散结构理论证明了岩石破裂失稳过程中时空熵值演化是一个远离平衡态的非线性动力过程，实验结果为岩爆预测提供了新的手段，对于实际矿山岩爆等动力灾害的预警具有一定的理论研究意义。於崇文[78]应用“耗散结构”理论探讨了成矿作用的动力学、时间结构、空间结构以及三者之间的内在联系。王京贵[79]等应用耗散结构理论将铀矿成矿过程分成六个阶段，对提高成矿理论和指导勘探工作均有裨益。

耗散结构理论以开放系统为研究对象，着重阐明开放系统如何从无序走向有序的过程，解决了克劳修斯“宇宙热寂说”退化论与达尔文进化论矛盾问题，于1977年因此理论荣获诺贝尔化学奖。这一理论在自然和社会科学有着广泛应用，为物理学、天文学、医学、经济学、哲学、工程学、生物学及地学等学科提供了启迪和借鉴作用。耗散结构理论在铀成矿及岩石爆破开采中均有应用，目前在铀矿生物浸出中的应用还鲜有报道。

耗散结构理论常被用来揭示某一领域的协同作用机制[80-81]。秦四清[82]根据耗散结构形成和维持的三个条件，从宏观和微观两个方面研究了岩体变形系统的非线性特征、岩体失稳过程中所处的远离平衡态的情况与岩体失稳过程中的降维、减熵与有序性，探明了岩体失稳过程中耗散结构的形成机制。李英华[83]应用耗散结构理论分析岩爆机理。胡传宇[84]等利用耗散结构理论研究深埋地下空间围岩体系统岩爆等岩体突然失稳破坏的演化机制。目前，基于耗散结构理论的生物浸铀中微生物协同作用机制研究也鲜有报道。

1.3 研究内容

为了系统研究铀矿生物浸出中 *A.f* 菌与 *A. m* 菌协同作用机制，实现高效生物浸出，开展了以下研究：

（1）*A.f* 菌种与 *A. m* 菌种选育及其协同作用

1）745 铀矿石性质

主要包括铀矿石组成、铀矿石化学成分、铀存在形式和赋存特征分析。

2）*A.f* 菌种与 *A. m* 菌种选育及其协同作用

主要包括 *A.f* 菌的鉴定及特征分析，*A.f* 菌高氟尾液驯化；*A. m* 菌分离纯化、鉴定及特征分析。通过 *A.f* 菌与 *A. m* 菌的生理生化特征研究，得出 *A.f* 菌与 *A. m* 菌存在协同作用。

（2）生物浸铀中 *A.f* 与 *A. m* 微生物系统的耗散结构特征分析

普利高津提出了形成耗散结构的4个必要条件为：必须是一个开放系统；系统状态变化是非线性关系；系统远离平衡态；系统从无序向有序演化是通过涨落来实现。本书从以上四个方面分析生物浸铀 *A.f* 与 *A. m* 微生物系统的耗散结构特征。

（3）生物浸铀中 *A.f* 与 *A. m* 微生物系统耗具有散结构的试验分析

首先研究 *A.f* 菌与 *A. m* 菌协同作用最佳的 pH、温度、矿石粒度、矿浆浓度及 Fe^{2+} 的初始浓度等外在环境条件，然后是铀矿生物浸出中 *A.f* 与 *A. m* 微生物系统具有耗散结构的试验分析。

（4）铀矿生物浸出中 *A.f* 菌与 *A. m* 菌协同作用机制研究

1）生物浸铀中 *A.f* 菌与 *A. m* 菌协同作用生长动力学模型研究

根据耗散结构理论中的非线性特性及 *A.f* 菌与 *A. m* 菌协同特性建立生物浸铀中 *A.f* 菌与 *A. m* 菌协同作用生长动力学模型，根据该模型分析 *A.f* 菌与 *A. m* 菌协同自组织稳定态点及其稳定条件。

2）生物浸铀中 *A.f* 菌与 *A. m* 菌协同作用自组织演化过程研究。*A.f* 菌与 *A. m* 菌微生物系统需是一个开放系统，并能得到足够强大的外界负熵，系统会慢慢远离平衡态，处在非线性区；微生物系统通过不断地自我复制、自我放大正反馈，使得涨落累积放大；涨落累积引发突变，系统进入耗散结构分支，会自组织稳定在稳定态点，形成了有序的耗散结构，最终实现高效生物浸出。

3）*A.f* 菌与 *A. m* 菌协同作用机制研究。以 745 铀矿为例，研究 *A.f* 菌与 *A. m* 菌协同作用下如何将难溶性的四价铀转化为可溶性的六价铀。

1.4 研究意义

（1）理论意义

本书从耗散结构视角研究铀矿生物浸出中 *A.f* 菌与 *A. m* 菌生长动力学模型，推演 *A.f* 菌与 *A. m* 菌协同作用自组织演化过程，并揭示生物浸铀中 *A.f* 菌与 *A. m* 菌协同作用机制，为生物浸铀中微生物协同作用问题的研究提供理论基础，具有重要的理论意义。

（2）实际意义

本书基于耗散结构理论研究铀矿生物浸出中 *A.f* 菌与 *A. m* 菌协同作用的最佳外在环境条件，可从宏观角度有效调控生物浸铀过程，使生物浸铀微生物系统到达耗散结构状态，对提升浸铀效率具有重要的实际意义。

1.5 技术路线

本书研究的技术路线，详见图 1.3。根据本书 1.2 节中的问题，制定了以下研究架构。首先，*A.f* 菌种与 *A. m* 菌种选育及其协同作用分析；然后从理论分析和试验角度证明铀矿生物浸出中 *A.f* 菌与 *A. m* 菌微生物系统具有耗散结构。最后是根据耗散结构得出铀矿生物浸出中 *A.f* 菌与 *A. m* 菌协同作用机制，主要包括生物浸铀中 *A.f* 菌与 *A. m* 菌协同作用生长动力学模型研究、生物浸铀中 *A.f* 菌与 *A. m* 菌协同作用自组织演化过程研究及 *A.f* 菌与 *A. m* 菌协同作用机制研究。

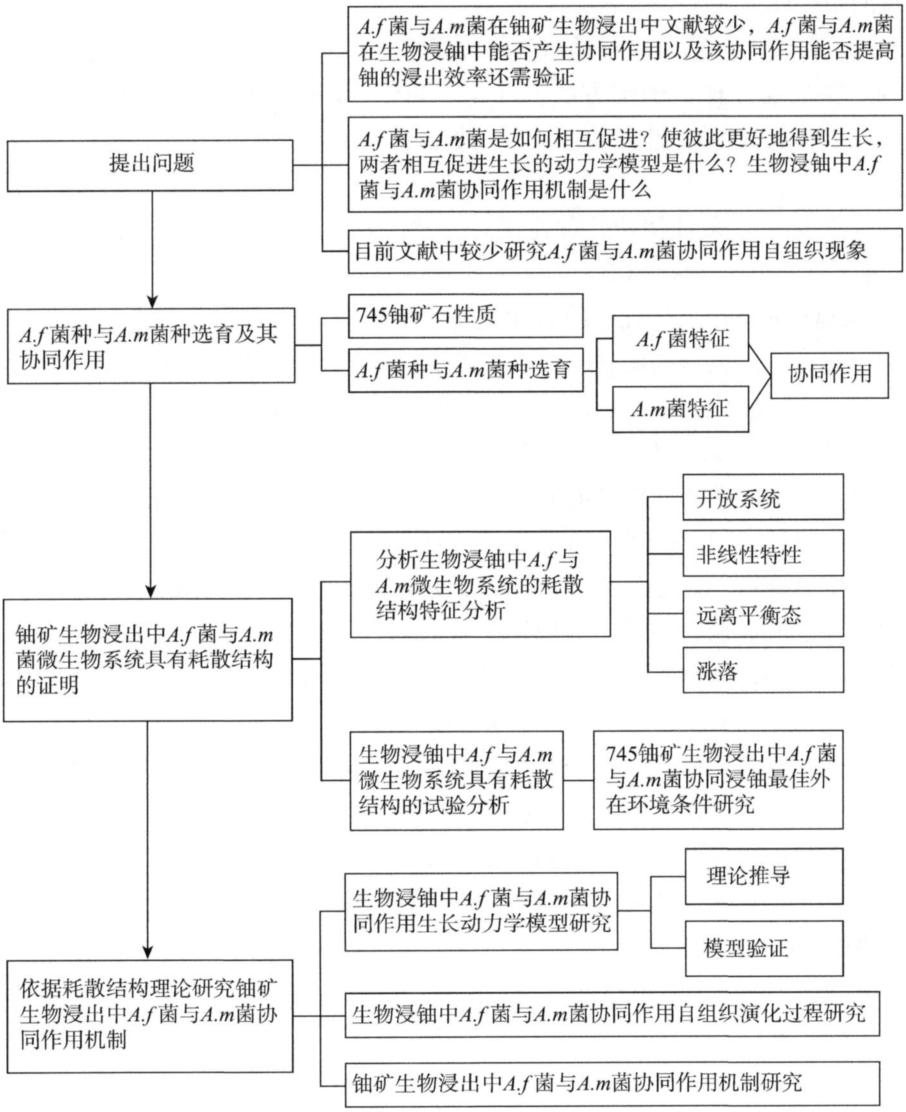

图 1.3　技术路线图

1.6　研究方法

（1）745 铀矿石性质及菌种选育研究方法

745 铀矿石性质可通过日本电子株式会社生产的 JXA-8100 电子探针分析该铀矿石组成、铀矿物的种类、特征、颗粒大小和主要赋存状态。铀矿石化学成分可通过红外感应仪、X 荧光光谱定量、电量分析仪、等离子体发射光谱等分析其常、微量化学组分。

菌的分离纯化采用平板固体培养基方法。菌株的鉴定可通过 16srRNA 序列分析方法鉴定方法。A. *f* 菌高氟尾液活性研究采用 3 级逐级驯化方法，逐步提高 A. *f* 菌对铀矿物中的氟的耐受性。

（2）*A.f* 菌与 *A. m* 菌协同浸铀最佳外在环境条件研究方法

1）*A.f* 菌最佳接种量确定方法：在 1.8 pH、30 ℃条件下，*A.f* 菌接种量分别按 5%、10%、20%及 30%，测定 pH、Eh、铁离子及铀浓度变化，综合比选确定最佳接种量。

2）*A.f* 菌与 *A. m* 最佳初始接种比确定方法：在 1.8 pH、30℃、*A.f* 菌最佳接种量条件下，*A.f* 菌、*A. m* 菌接种初始比例分别为 10∶1、5∶1、1∶1、1∶2 与 1∶4，测定 pH、Eh、铁离子及铀浓度变化，综合比选确定最佳初始接种比。

3）*A.f* 菌、*A. m* 菌协同浸铀的最佳生长 pH 确定方法：在 *A.f* 菌与 *A. m* 最佳初始接种比条件下，pH 分别为 1.4、1.6、1.8、2.0 及 2.2 的条件下，测定 pH、Eh、铁离子及铀浓度变化，确定最佳 pH。

4）*A.f* 菌、*A. m* 菌协同浸铀的最佳生长温度确定方法：在 *A.f* 菌与 *A. m* 最佳初始接种比、最佳 pH 下，将 *A.f* 菌、*A. m* 菌分别放入 15 ℃、20 ℃、25 ℃、30 ℃与35 ℃的恒温培养箱中培养，测定铁离子及铀浓度变化，确定最佳生长温度。

5）*A.f* 菌、*A. m* 菌协同浸铀的最佳矿浆浓度确定方法：在最佳在 *A.f* 菌与 *A. m* 初始接种比、pH、温度条件下，在矿浆浓度分别为 5%、10%、15%与 20%时，测定 pH、Eh、铁离子及铀浓度变化，确定最佳矿浆浓度。

6）*A.f* 菌、*A. m* 菌协同浸铀的最佳 Fe^{2+} 的初始浓度确定方法：在最佳的 *A.f* 菌与 *A. m* 初始接种比、pH、温度及矿浆浓度条件下，Fe^{2+} 的初始浓度分别为 1.0、3.0、5.0 及 7.0 g/L 浸出铀，测定 pH、Eh、铁离子及铀浓度变化，确定最佳 Fe^{2+} 的初始浓度。

（3）生物浸铀中 *A.f* 菌与 *A. m* 菌协同作用过程中存在耗散结构的证明

1）理论证明

本研究内容主要采用文献研究及逻辑推理法。通过查阅相关文献资料，可以知道生物浸铀微生物系统是一个开放系统，并且满足耗散结构的非线性关系条件，从该非线性关系函数出发求解出微生物定态数量，以此说明系统远离平衡态，最后通过求解无序到有序的临界点可以说明生物浸铀中微生物系统从无序向有序演化是通过涨落来实现。

①开放系统

生物浸铀中微生物系统需外界的 CO_2、O_2、黄铁矿等物质来源，以满足微生物的生长。所以，生物浸铀中微生物系统显然具备耗散结构的开放系统条件。

②系统状态变化是非线性关系

最简单的微生物生长方程便是以下线性方程为：

$$\frac{dx}{dt} = kx - dx = rx \tag{1.1}$$

这里 k 和 d 为两正数。增殖系数 k 代表浸矿微生物繁殖后代的能力，d 则表示其死亡率，r 表示微生物自然增长率，x 表示浸矿或辅助浸矿微生物的数量。

在生物界，旧的物种由于不适应环境的变化而被淘汰的现象司空见惯。然而，作为适者生存下来的物种从未出现过无穷发展的现象，原因仍在于线性方程（1.1）没有考虑极为重要的饱和因素 β 。由于自然资源有限，每一物种的发展都要受到这种有限资源（如食物等）的制约，于是 k 应被 $k \to k - \beta x$ 所代替。故微生物生长方程（1.1）变为：

$$\frac{dx}{dt} = (k - \beta x)x - dx = (k - d)x - \beta x^2 \tag{1.2}$$

式（1.2）为非线性函数关系，所以，生物浸铀中微生物系统是具有达到耗散结构的非线性关系条件。

③系统远离平衡态

从式（1.2）非线性函数出发，令 $\frac{dx}{dt} = 0$，求解出定态解，定态解可能稳定也可能不稳定。根据微分方程稳定性理论，得到是否有稳定的定态解（稳定态点），稳定的定态解才能进入稳定的耗散结构分支，不稳定的定态解进入不稳定的热力学分支，详见图 1.4。这个稳定的定态解的存在才能说明系统远离平衡态。

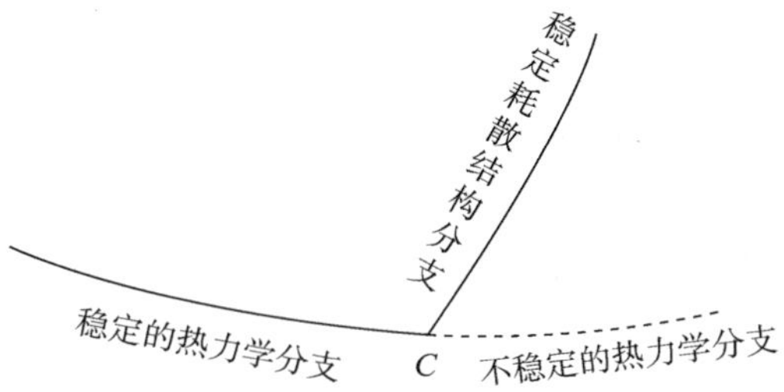

图 1.4　临界点 C 使系统失去稳定的示意图

④微生物系统涨落分析

涨落是系统要素的独立运动或局部产生的各种运动以及在环境的干扰下系统状态变量偏离平均值的一种现象。生物浸铀微生物系统从一开始浸出就存在的涨落，这些涨落不会对系统产生大的影响，也不会出现高效浸出。但是在临界点的涨落则十分不同，这种涨落不仅强度大，而且具有时间和空间的协同，热力学分支失去稳定。故生物浸铀微生物系统涨落分析主要集中于临界点的求解。生物浸铀微生物系统涨落类似于贝纳德对流自组织现象。升高下板温度，（$T_2 > T_1$），液体内就会形成下高上低的温度梯度，流体处于非平衡态。不断增大两板温差 ΔT，就把液体越来越推向远离平衡的状态。当温差增大到超过某一阈值 ΔT 大于 ΔT_c 时，液体的静止热传导状态就会被突然打破，形成对流状态。

2）生物浸铀中 *A.f* 菌与 *A.m* 菌协同作用过程中存在耗散结构实验验证

在初始 pH 为 1.8，温度 30 ℃，摇床转速为 120 r/min 的条件下对铀矿进行微生物浸铀实验，矿浆浓度均为 5%（m/v）。9K 液体培养基，成分如下：A 液：$(NH_4)_2SO_4$ 3.0 g/L，$MgSO_4 \cdot 7H_2O$ 0.5 g/L，K_2HPO_4 0.5 g/L，KCl 0.1 g/L，$Ca(NO_3)_2$ 0.01 g/L，121 ℃高压灭菌 20 min（0.1 MPa）；B 液：$FeSO_4 \cdot 7H_2O$（Fe^{2+} 5.0 g/L），采用 0.22 μm

的滤膜过滤除菌。实验将四个锥形瓶分为 4 组，第一组为无菌对照组，第二组为纯 *A.f* 菌组，初始接种 *A.f* 菌浓度约 1.1×10^7 个/毫升，第三组为纯 *A.m* 菌组，初始接种 *A.f* 菌浓度约 1.1×10^7 个/毫升，第四组初始接种 *A.f* 菌和 *A.m* 菌浓度都约 1.1×10^7 个/毫升，即按 1：1 配置。最后用 9K 培养基将所有锥形瓶定容至200 mL。每 12 小时取样一次，观察测定实验过程中总铁、Fe^{2+}、Fe^{3+}、铀的浸出浓度变化以及 *A.f* 菌与 *A.m* 菌的生长曲线。*A.m*、*A.f* 菌的生长曲线可通过 logistic 方程拟合得到 *A.m*、*A.f* 菌的最大菌液浓度。

（4）745 铀矿 *A.f* 菌与 *A.m* 菌协同作用机制的研究方法

1）745 铀矿 *A.f* 菌与 *A.m* 菌生长动力学模型研究

根据生物浸铀微生物系统中的非线性关系函数，得出 *A.f* 菌与 *A.m* 菌独立共生和竞争共生时的生长方程，然后根据生物浸铀中 *A.f* 菌与 *A.m* 菌的协同特性，建立 *A.f* 菌与 *A.m* 菌协同作用生长动力学模型，最后由该模型可推导出 *A.f* 菌与 *A.m* 菌协同自组织稳定态点及其稳定条件。

由式（1.2）可得，

$$\frac{\mathrm{d}x}{\mathrm{d}t}=(k-d)x-\beta x^2=rx\left(1-\frac{x}{\frac{r}{\beta}}\right)=rx\left(1-\frac{x}{M}\right) \tag{1.3}$$

假设 *A.f* 菌与 *A.m* 菌（x_1 和 x_2）是独立共生，即彼此之间无影响，此时 *A.f* 与 *A.m* 长方程为：

$$\begin{cases}\dfrac{\mathrm{d}x_1}{\mathrm{d}t}=r_1x_1\left(1-\dfrac{x_1}{M_1}\right)\\ \dfrac{\mathrm{d}x_2}{\mathrm{d}t}=r_2x_2\left(1-\dfrac{x_2}{M_2}\right)\end{cases} \tag{1.4}$$

若 *A.f* 菌与 *A.m* 菌是竞争共生关系，即双方受害，双方均独立成长。竞争共生时，*A.f* 菌对 *A.m* 菌有一个负向的贡献率 b，*A.m* 菌对 *A.f* 菌有一个负向的贡献率 a。此时的 a 与 b 可以理解为竞争系数，*A.f* 菌与 *A.m* 菌生长方程为：

$$\begin{cases}\dfrac{\mathrm{d}x_1}{\mathrm{d}t}=r_1x_1\left(1-\dfrac{x_1}{M_1}-a\dfrac{x_2}{M_2}\right)\\ \dfrac{\mathrm{d}x_2}{\mathrm{d}t}=r_2x_2\left(1-\dfrac{x_2}{M_2}-b\dfrac{x_1}{M_1}\right)\end{cases} \tag{1.5}$$

最后根据生物浸铀中 *A.f* 菌与 *A.m* 菌的协同特性，建立 *A.f* 菌与 *A.m* 菌协同作用生长动力学模型。

$$\begin{cases}\dfrac{\mathrm{d}x_1}{\mathrm{d}t}=0\\ \dfrac{\mathrm{d}x_2}{\mathrm{d}t}=0\end{cases} \tag{1.6}$$

同理根据微分方程稳定性理论还需对每个定态解进行稳定性分析，得到最后的稳定态点和稳定条件。该稳定条件就是微生物系统进入稳定耗散结构分支的内在条件。

2）生物浸铀中 *A.f* 菌与 *A. m* 菌协同作用生长动力学模型验证

在初始 pH 为 1. 8，温度 30 ℃，摇床转速为 120 r/min 的条件下对尾矿进行了微生物浸铀试验，矿浆浓度均为 5%（m/v）。试验将三个锥形瓶分为 3 组，第一组为无菌对照组，第二组为纯 *A.f* 菌组，初始接种 *A.f* 菌浓度约 5. 5×10^{7}个/毫升，第三组初始接种 *A.f* 菌和 *A. m* 菌浓度都约 5. 5×10^{7}个/毫升，即按 1 ∶ 1 配置。最后用 9K 培养基将所有锥形瓶定容至 100 mL。每 3 天取样一次，观察测定试验过程中的总铁、Fe^{2+}、Fe^{3+}、铀的浸出浓度变化以及 *A.f* 菌与 *A. m* 菌的生长曲线。*A. m* 菌、*A.f* 菌的生长曲线可通过 logistic 方程拟合得到 *A. m* 菌、*A.f* 菌的最大菌液浓度。通过理论证明得出的自养与异养菌协同作用稳定态点与试验 *A. m* 菌、*A.f* 菌的最大菌液浓度对比，若理论预测值（稳定态点）与试验最大菌液浓度差距不大则证明了模型拟合效果较好，若差距较大则需修正或调整模型。

验证通过后，*A.f* 菌与 *A. m* 菌协同自组织稳定条件才成立，该稳定条件主要是 *A.f* 菌与 *A. m* 菌对对方正向贡献率之间的关系，就是微生物相互协同的内在条件，也是进入稳定耗散结构分支的内在条件。再由试验确定的最佳外在环境条件，最后可得到生物浸铀中 *A.f* 菌与 *A. m* 菌协同作用的条件。

3）生物浸铀中 *A.f* 菌与 *A. m* 菌协同作用演化规律的研究方法

通过 *A.f* 菌与 *A. m* 菌微生物系统耗散结构特征分析及协同生长动力模型研究，可以定量地描述 *A.f* 菌与 *A. m* 菌是如何相互促进的、产生了怎样的自组织效应，从而得出 *A.f* 菌与 *A. m* 菌微生物系统协同作用的演化过程，描绘出 *A.f* 菌与 *A. m* 菌微生物系统演化过程图。

4）*A.f* 菌与 *A. m* 菌协同浸铀机理研究方法

通过 *A.f* 菌与 *A. m* 菌协同作用试验数据分析 *A.f* 菌与 *A. m* 菌协同浸铀机理。

1.7 创新点

（1）应用耗散结构理论开展铀矿生物浸出体系中微生物协同作用研究，拓宽了生物浸铀体系中微生物间相互作用的理论解析。

（2）从系统学和数学角度明晰了生物浸铀体系中微生物间相互作用的消长动态过程，为深入了解生物浸出过程提供了新视角与新方法。

1.8 完成的实物工作量

1）*A. m* 菌的生理、生化特征试验，主要包括最适 pH、温度、铁的还原性等特性。在最适 pH 试验中，完成 7 个不同条件下的单因素摇瓶试验，采用波长为 420 nm 分光

光度法间接反应 *A. m* 菌的菌密度，测试 336 个样品；在最适温度试验中，完成 5 个不同条件下的单因素摇瓶试验，采用波长为 420 nm 分光光度法间接反应 *A. m* 菌的菌密度，测试 240 个样品；在铁的还原性试验中，完成 2 个不同条件下的单因素摇瓶试验，测试 144 个样品（测试项目 Eh、Fe^{3+}及 Fe^{2+}浓度）。

2）745 铀矿浸出中 *A.f* 菌与 *A. m* 菌协同作用外在环境条件试验，主要包括 *A.f* 菌最佳接种量、*A.f* 菌与 *A. m* 菌最佳初始接种比、*A.f* 菌与 *A. m* 菌协同浸铀的最佳生长 pH、*A.f* 菌与 *A. m* 菌协同浸铀的最佳生长温度、*A.f* 菌与 *A. m* 菌协同浸铀的最佳矿浆浓度及 *A.f* 菌与 *A. m* 菌协同浸铀的最佳 Fe^{2+}初始浓度等条件。在 *A.f* 菌最佳接种量条件试验中，完成 4 个不同条件下的单因素摇瓶试验，测试 480 个样品（测试项目 pH、Eh、Fe^{3+}、Fe^{2+}及铀浓度，后面 5 个条件下同）；在 *A.f* 菌与 *A. m* 菌最佳初始接种比条件试验中，完成 4 个不同条件下的单因素摇瓶试验，测试 480 个样品；在 *A.f* 菌与 *A. m* 菌协同浸铀的最佳生长 pH 条件试验中，完成 5 个不同条件下的单因素摇瓶试验，测试 600 个样品；在 *A.f* 菌与 *A. m* 菌协同浸铀的最佳生长温度条件试验中，完成 5 个不同条件下的单因素摇瓶试验，测试 240 个样品；在 *A.f* 菌与 *A. m* 菌协同浸铀的最佳矿浆浓度条件试验中，完成 4 个不同条件下的单因素摇瓶试验，测试 480 个样品；在 *A.f* 菌与 *A. m* 菌协同浸铀的最佳 Fe^{2+}初始浓度条件试验中，完成 4 个不同条件下的单因素摇瓶试验，测试 480 个样品。

3）生物浸铀中 *A.f* 与 *A. m* 微生物系统具有耗散结构试验，以 745 铀矿浸出中 *A.f* 菌与 *A. m* 菌协同作用的最佳外在环境条件试验数据分析生物浸铀中 *A.f* 与 *A. m* 微生物系统的耗散结构特征，再采用 MPN 方法得到 *A.f* 菌与 *A. m* 菌微生物数量，测试 144 个样品。

4）铀矿生物浸出中 *A.f* 菌与 *A. m* 菌生长动力学模型验证试验，完成 Fe^{3+}、Fe^{2+}、U 浓度及微生物数量指标测试，测试 405 个样品。

第 2 章　*A.f* 菌种与 *A.m* 菌种选育及其协同作用

本书研究铀生物浸出中 *A.f* 菌与 *A.m* 菌协同作用机制，需获得该两种菌。以 745 铀矿为例开展生物浸铀试验，因此还需明确 745 铀矿石性质，特别是 745 铀矿石的特征，根据该特征选育出铀矿物适应性强的菌种。因此本章将选育 *A.f* 菌与 *A.m* 菌，研究它们的生理生化特征，分析它们的协同作用。

2.1　745 铀矿石性质

2.1.1　745 铀矿石组成

（1）铀矿石试验样品分析

本书铀矿石试验样品来自 745 矿堆场。通过日本电子株式会社生产的 JXA-8100 电子探针分析该铀矿石组成[85-89]，其特征如图 2.1 所示。从图 2.1 可以看出，样品铀矿物主要由沥青铀矿和铀石组成，沥青铀矿呈块状、颗粒状、条带状、星点状、裂隙状及网脉状，铀石在沥青铀矿边缘呈条状。在电子探针下铀矿物粒径大部分在 0.1 mm 以下，肉眼及一般显微镜较难识别。

矿样脉石矿物成分含量统计表如表 2.1 所示。由表 2.1 可知，745 矿样品脉石矿物占 92%以上，平均值为 93.22%，主要脉石矿物为石英，其次是方解石、钾（钠）长石、高岭石、角闪石、蒙脱石、伊利石、白云石、萤石、磷灰石、锆石、绿泥石、水云母等。石英性质稳定，不易参加化学反应，对铀矿浸出有利。萤石在铀矿浸出过程中会溶解，使溶液中 F-浓度增加，从而对浸铀菌群的代谢、生长繁殖有较强的抑制和毒害作用。方解石和白云石是矿石中的主要耗酸矿物，浸出过程中消耗率接近 100%。矿石中伴生有少量黄铁矿、赤铁矿、方铅矿、闪锌矿等金属矿物，总量小于 5%。黄铁矿有两类，一类是晶形较好，呈立方体或五角十二面体，颗粒较大，一般大于 0.1 mm，常见沥青铀矿或铀石沿其边缘部分交代产出，或充填于黄铁矿微裂隙中；另一类呈不规则的粒状，颗粒细小，小于 30 μm，具有胶状特征，和沥青铀矿紧密共生。铀矿生物浸出过程中，黄铁矿为微生物生长提供能源，其氧化产物为铀矿浸出提供硫酸和高价铁，是铀矿生物浸出的浸出剂和氧化剂。

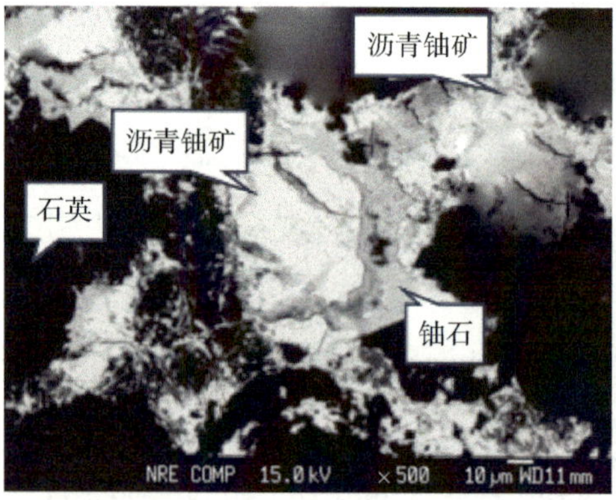

（a）沥青铀矿呈块状并与铀石共生，
铀石呈条状在沥青铀矿的边缘

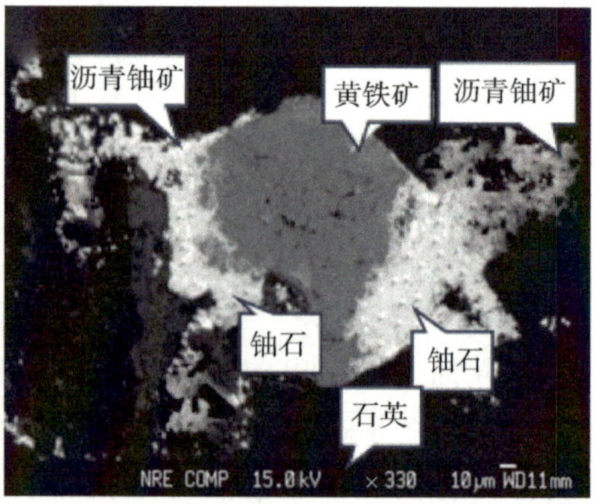

（b）沥青铀矿呈颗粒状分布在铀石中，
铀石与黄铁矿共生

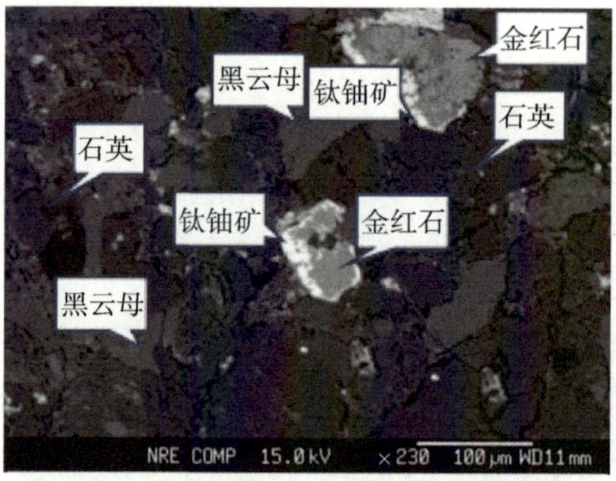

（c）钛铀矿分布在金红石的周围

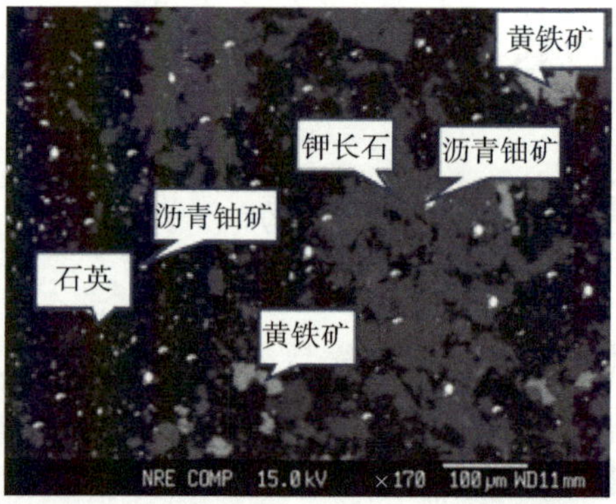

（d）沥青铀矿呈星点状存在于铀矿石中

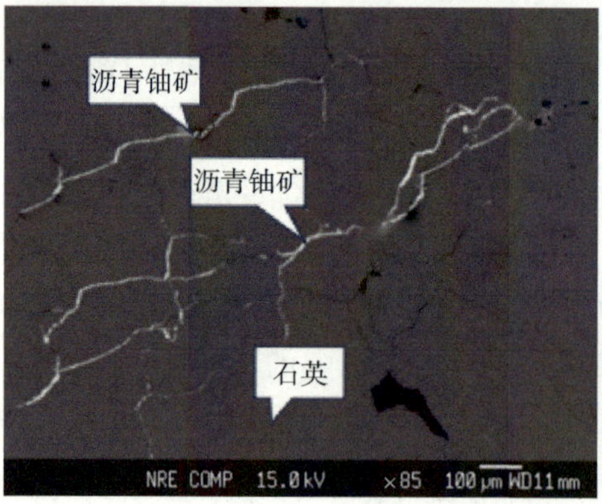

（e）沥青铀矿呈裂隙状态存在于铀矿石中

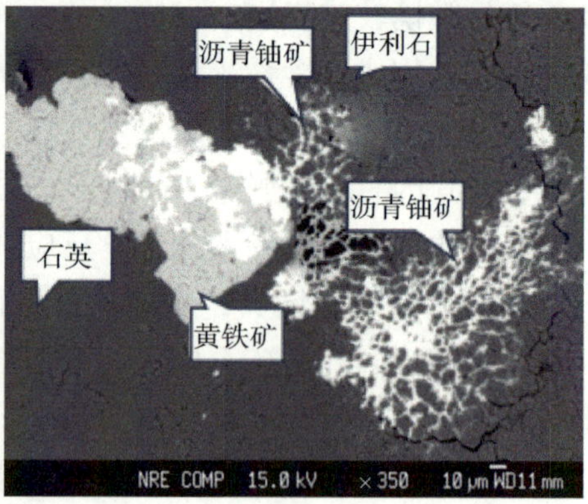

（f）沥青铀矿呈网脉状存在于铀矿石中

图 2.1　745 矿铀石的电子探针产出特征背散射图

表 2.1 矿样脉石矿物成分含量统计表 单位:%

样品	石英	蒙脱石	伊利石	角闪石	高岭石	石膏	钾长石	斜长石	方解石	白云石	铁矿物	萤石	合计
1	72.37	1.32	1.74	—	1.73		3.76	3.95	4.62	1.42	0.53	1.22	92.66
2	73.13	1.89	2.46	0.97	1.57	1.52	2.42	3.12	2.75	—	0.87	2.45	93.15
3	78.37	—	1.26	0.87	0.78	0.67	2.53	2.16	4.15	1.12	0.58	1.35	93.84
平均	74.62	1.61	1.82	0.92	1.36	1.10	2.90	3.08	3.84	1.27	0.66	1.67	93.22

备注："—"表示含量可以忽略不计。

(2) 铀矿石围岩蚀变

745矿矿床内热液活动频繁，具有多期次多阶段性。成矿期前围岩蚀变作用主要有硅化、碱交代、绢云母化等。成矿期围岩蚀变主要有硅化、萤石化、黄铁矿化、红花(赤铁矿化)、碳酸盐化等，成矿阶段包括两次铀矿化，分别形成沥青铀矿—赤铁矿—微晶石英脉和沥青铀矿—黄铁矿—萤石—微晶石英脉。其中第一次铀矿化非常强烈，范围遍及矿体分布的所有区域，铀矿量占矿床总储量的90%以上；第二次铀矿化作用规模不大，范围只限于矿化带的上部。矿后期围岩蚀变主要有硅化、萤石化、绿泥石化、碳酸盐化等。

多期的热液活动使得在同一构造带内蚀变作用具有多期次、多种类及强度不同的特点。围岩蚀变分布在构造破碎带内及两侧围岩次级裂隙发育地段，表现为明显的受断裂构造带控制特征。在空间上，围岩蚀变水平分带现象明显，矿化中心带一般宽1~2 m，主要由强赤铁矿化、硅化碎裂岩以及不同期次的石英脉、萤石脉和方解石脉充填构成，向两侧一次发育硅化、赤铁矿化、绿泥石化、绢云母化等蚀变。铀矿化主要集中在构造蚀变带中，与赤铁矿化、硅化碎裂岩关系密切。矿石围岩蚀变主要有碱交代、硅化、水云母化、赤铁矿化、碳酸盐化和黄铁矿化。

1) 碱交代：矿区花岗岩铀成矿前的主要蚀变形式，由糖粒状钾长石或钠长石交代先形成的钾长石、斜长石和石英的过程，碱交代后使得岩石孔隙度增加，在化学成分上 SiO_2、CaO 含量减少而 Al_2O_3、Na_2O、K_2O、P_2O_5、$\sum Fe$ 等增多。

2) 硅化：以阶段多、持续时间长为特点，从矿前期-成矿期-矿后期都有发生，并且与铀矿化关系密切。成矿前的硅化常形成纯净的乳白色、灰白色粗粒石英；成矿期的硅化主要形成棕红色、黑灰色细粒微晶石英脉，并与沥青铀矿共生，成分较杂，常伴有铁氧化物和金属硫化物。成矿后期的硅化蚀变主要形成微晶、隐晶状或微晶状的纯净白色石英为主。

3) 水云母化：热液蚀变作用于长石的结果，水云母集合体为黑绿色、褐绿色、黄绿色，常呈斜长石的假象。

4) 赤铁矿化：主要成分为云雾状赤铁矿和针铁矿，热液蚀变作用于硅化岩、钾长石和斜长石引起变红。具有多阶段性，成矿前主要以紫红色为主，成矿期为棕红色、猪肝色、朱红色，成矿后期以暗红色、紫红色和砖红色为主。

5）碳酸盐化：多期出现，主要有红色方解石和白色方解石两种，其中红色方解石与铀矿化关系密切，常呈脉状与沥青铀矿共生。

6）黄铁矿化：发育在硅化带内，多与沥青铀矿密切共生。黄铁矿能促使铀的沉淀富集并起到还原剂的作用，与矿化关系密切，呈胶状、团块状产出。

2.1.2 745 铀矿石化学成分

本次铀矿石样品通过红外感应仪、X 荧光光谱定量、电量分析仪、等离子体发射光谱等分析其常、微量化学组分[90-96]，结果见表 2.2。

表 2.2 铀矿石常量元素化学分析结果 单位：%

序号	SiO_2	Al_2O_3	Fe_2O_3	FeO	MgO	CaO	Na_2O	K_2O	P_2O_5	S	CO_2	F	U
1	75.396	8.964	1.289	0.752	0.818	3.713	1.971	2.581	1.396	0.197	1.590	1.210	0.123

注：由奥实分析检测（广州）有限公司完成（2021）。

从表 2.2 可得，本次铀矿样品铀品位为 0.123%，为中等品位铀矿石。铀矿物中黏土矿物、磷灰石较低，方解石含量不高，耗酸物质不多，有利于铀矿的生物浸出。但铀矿石中氟含量偏高，为 1.21%，在体系内与 H_2SO_4 反应，生成 HF，HF 对于 *A.f* 菌具有毒害作用，不利于铀的生物浸出，而且铀矿石中硫含量较低为 0.197%，折算成 FeS_2 为 0.369%，使得 *A.f* 菌生长的能源物质不够，影响其生长繁殖，最终也不利于铀的生物浸出。所以，本次铀矿石样品以高氟低硫为主要特征。

2.1.3 745 铀矿石中铀的存在形式和赋存特征

745 铀矿为硬岩花岗岩型矿物，铀矿物是铀存在的主要形式。采用电子探针分析方法，得到铀矿物的种类、特征、颗粒大小和主要赋存状态。

（1）铀矿物种类与特征

为探明该铀矿石中铀矿物的种类和化学成分，选取有代表性的薄片进行铀矿物电子探针分析，结果如表 2.3 所示。由表 2.3 可得，该铀矿主要以沥青铀矿和铀石为主，以钛铀矿、铀钍矿为辅，沥青铀矿平均含量为 84.86%，铀石平均含量为 72.74%，钛铀矿平均含量为 51.51%，铀钍矿平均含量为 19.31%。结果还表明，该铀矿物中，钙、硅、铁、铝等杂质含量较多。

表 2.3 铀矿石的电子探针结果 单位:%

序号	矿物名称	UO_2	SiO_2	Cr_2O_3	FeO	CaO	Na_2O	P_2O_5	Al_2O_3	SO_3	ThO_2	MgO
1	沥青铀矿	86.89	4.03	0.05	0.14	6.89	0.23	0.06	0.25	0.02	0.03	0.04
2	沥青铀矿	86.54	4.15	0.15	0.34	4.18	0.19	0.05	0.39	0.05	0.02	0.01
3	沥青铀矿	82.74	5.36	0.17	0.52	7.21	0.31	0.08	0.47	0.04	0.03	0.09
4	沥青铀矿	83.16	0.88	0.02	0.27	7.92	0.03	0.06	0.11	0.57	0	0.02
5	沥青铀矿	83.97	2.79	0	0.19	7.06	0.12	0.03	0.21	0	0.07	0
6	沥青铀矿	85.84	0.11	0.2	0.09	8.47	0.09	0.06	0.14	0.06	0	0.04
7	铀石	71.84	18.96	0	0.41	3.04	0.07	0.21	1.41	0.27	0	0.06
8	铀石	72.08	19.87	0.88	0	3.12	0.02	0.29	1.51	0.28	0	0.04
9	铀石	73.03	18.97	0.11	0.05	2.72	0.06	0.31	1.18	0.79	0	0.02
10	铀石	74.02	19.89	0.12	0.09	1.97	0.09	0.21	1.23	0.02	0	0.04
11	钛铀矿	50.97	8.03	0.04	0.79	4.13	0.11	0.03	0.91	0.96	0.02	0.09
12	钛铀矿	52.04	8.63	0.06	0.59	3.05	0.19	0.02	1.23	0.51	0.24	0.22
13	铀钍矿	22.24	23.42	0	0.21	0.03	0	0.81	0	0.06	41.85	0.03
14	铀钍矿	16.37	18.57	5.82	0.24	7.08	0	5.24	0.36	0.04	42.14	0.02

注：在东华理工大学核资源与环境国家重点实验室电子探针室测试（2021）。

（2）铀矿物的粒度与分布特征

由图 2.1 样品矿铀石的电子探针产出特征背散射图可知，粒径在 1~900 μm 之间，粒度为 10 μm 以下的沥青铀矿和铀石是铀矿物主要颗粒结构来源，大于 10 μm 的较少。该样品铀矿物中的沥青铀矿和铀石粒径细小，显微、超显微独立矿物相或分散相为绝大多数铀的分布特征。

（3）铀矿物形态与嵌布特征

该样品铀矿物中沥青铀矿占最主要部分，如图 2.1 所示，沥青铀矿呈块状并与铀石共生，铀石呈条状在沥青铀矿的边缘、呈颗粒状分布在铀石中、呈星点状存在于铀矿石中、呈裂隙状态存在铀矿石中、呈网脉状存在于铀矿石中，在黄铁矿周围或矿物解理、内部空隙交代生长或被脉石矿物紧密包裹。

该样品铀矿物中铀石的含量也不低，仅少于沥青铀矿。如图 2.1 所示，铀石呈条状在沥青铀矿的边缘矿物解理交代生长，铀石内部也有存在着颗粒状的沥青铀矿。

该样品铀矿物中钛铀矿、铀钍矿较少，如图 2.1 所示，钛铀矿分布在金红石的周围。

2.2 *A.f* 菌种选育

2.2.1 *A.f* 菌种来源

浸矿微生物是生物浸矿的核心和重要研究对象。高效浸铀微生物的选育是铀矿生物浸出技术成败的关键。浸铀微生物的生长繁殖受铀矿浸出环境体系中温度、pH、矿化度、营养物、氧源、碳源、表面活性剂、有害物质浓度（如 F^-、Al^{3+}、重金属）等因素影响。因此，必须对浸铀微生物进行筛选和驯化等选育，提高其对环境体系的适应性和对有害物质的耐受性，从而提高微生物繁殖、生长速度和活性。

745 铀矿位于广东省东北部仁化县境内。该地区属中亚热带湿润性的季风气候，存在日照时间长、紫外辐照强、降雨集中、矿石中氟含量高和黄铁矿含量低等不利于微生物生长的因素。因此，探讨浸铀微生物在铀矿生物浸出过程中所受影响因素，对铀矿生物堆浸的工业化应用具有重要的理论意义和实用价值。为了获得能够适应当地气候和环境的高效浸铀微生物，本试验从该地区铀矿石浸出渣样中富集浸铀菌群。

本章的主要任务是从 745 矿铀矿石浸出渣样中富集分离出具有较强耐氟性能的铁硫氧化浸铀菌群，通过不同的物理、化学手段对该菌群进行耐高氟尾液的驯化和耐氟诱变选育，筛选耐高氟浸铀菌群，并研究该菌群的生理生化特性。

本次试验 *A.f* 菌种（编号为 AFZY-1，本书的 *A.f* 菌均为该编号的菌种）来自东华理工大学核资源与环境国家重点实验室-80 ℃的菌种库。该菌株需经活化后才可使用。从菌种库中拿出，然后在流动的自来水中冲洗溶解，溶解后放入 9K 液体培养基中培养。9K 液体培养基（成分如下，A 液：$(NH_4)_2SO_4$ 3.0 g/L，$MgSO_4 \cdot 7H_2O$ 0.5 g/L，K_2HPO_4 0.5 g/L，KCl 0.1 g/L，$Ca(NO_3)_2$ 0.01 g/L，121 ℃ 高压灭菌 20 min（0.1 MPa）；B 液：$FeSO_4 \cdot 7H_2O$（Fe^{2+} 5.0 g/L）[97-105]，采用 0.22 μm 的滤膜过滤除菌。*A.f* 菌按 20%接种量并加入 160 mL 9K 液体培养基于 500 mL 锥形瓶中，在初始 pH 为 2.0、温度为 30 ℃摇床转速为 120 r/min 的条件下活化，经过多轮活化后，当培养基中在 24 h 内 5 g/L 的 Fe^{2+}氧化率达到 95%以上时，收集菌种。该条件下的细菌生长处于对数期，细菌的活性较高。

2.2.2 *A.f* 菌的特征

（1）*A.f* 菌的形态特征

A.f 菌株在无机含铁琼脂糖培养基上恒温 30 ℃生长 2~3 天有黄褐色的菌落生成，气味微臭、边缘光滑为乳白色、表面干燥、中间突起、大小不一、圆形直径约为 1~3 mm，在体式显微镜（4×5 倍）下的菌落照片图，如图 2.2 所示。培养好后，放入冰箱低温保存，以便后期使用，如图 2.3 所示。

通过试管斜面保存 *A.f* 菌种，两周转接一次。采用光学显微镜观察发现，如图 2.4

所示，*A.f* 菌较为细小，长度大约为 1.0~2.0 μm、宽度大约为 0.5~1.0 μm，个体多为短杆状或棒状，呈短链纵生或单生、对生状态，能游动。

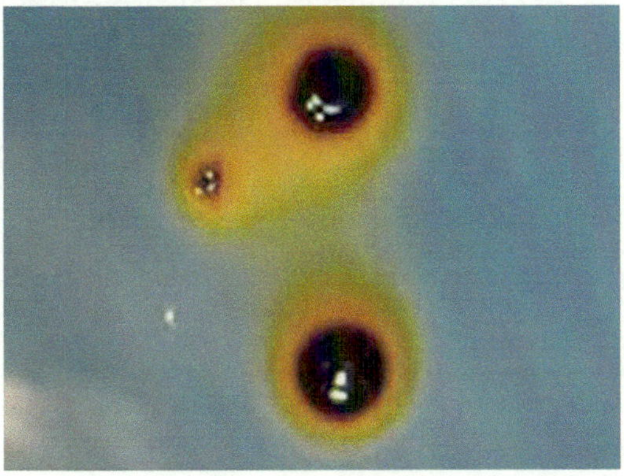

图 2.2　*A.f* 菌的菌落形态

图 2.3　*A.f* 菌液体培养

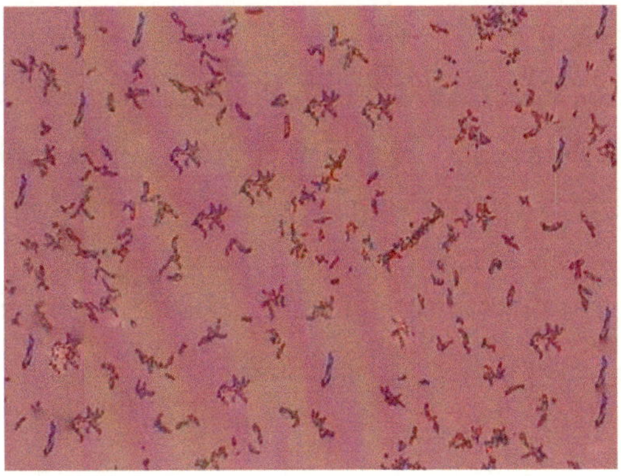

图 2.4　*A.f* 菌在光学显微镜下观察结果

（2）*A.f* 菌的生理生化特征

大量的文献研究表明 *A.f* 菌具有铁和硫的氧化性；*A.f* 菌生长最适 pH 为 2.0~2.5，最适生长温度为 30 ~ 35 ℃，葡萄糖、果糖、乳糖、蔗糖等有机物会抑制其生长繁殖[46,106-107]。

2.2.3　*A.f* 菌高氟尾液驯化

由于铀矿物中的氟会影响 *A.f* 菌的铁硫氧化活性，具有一定的毒害作用，因此需提高 *A.f* 菌对铀矿物中氟的耐受性[108-114]。

（1）实验

第一步，先配置好 F^-浓度为 2.5~4.0 g/L 的 745 矿高氟尾液（pH=1.8，F^-=2.5~4.0 g/L，Cl^-=1.3~2.0 g/L；SO_4^{2-}=17.1~31.4 g/L，Fe^{2+}=2.5~3.0 g/L，Fe^{3+}=0.5~1.0 g/L。）；第二步，将 *A.f* 菌 20%的接种量分别接种到 50%、60%和 80%的 745 铀矿

高 F 尾液中逐级驯化（见表 2.4），在初始 pH 为 1.80、恒温 30 ℃中摇瓶试验；第三步，测定 Fe^{2+}的浓度，当 *A.f* 菌能使 5 g/L 的 Fe^{2+}的氧化率在 24 h 内达到 95%以上，则该级驯化完成；可进入下一级驯化，直至第 3 级驯化成功，使得 *A.f* 菌能适应铀矿物中的高氟影响。

表 2.4 *A.f* 菌在 745 铀矿高 F 尾液中逐级驯化条件 单位：%

级别	接种量	尾液比例	9K 培养基比例
1	20	50	30
2	20	60	20
3	20	80	0

（2）结果与讨论

本次尾液驯化试验结果如图 2.5 所示，从中可以看出，*A.f* 菌在含 50%尾液基质中氧化 95%的 5 g/L Fe^{2+}所需时间从第 1 代 56 个小时到第 4 代 23 个小时，即经过了 4 代培养，*A.f* 菌能使 5 g/L 的 Fe^{2+}的氧化率在 24 h 以内达到 95%以上；*A.f* 菌在含 60%尾液基质中氧化 95%的 5 g/L Fe^{2+}所需时间从第 5 代 51 个小时到第 12 代 22 个小时，即经过了 7 代培养，*A.f* 菌能使 5 g/L 的 Fe^{2+}的氧化率在 24 h 以内达到95%以上；*A.f* 菌在含 80%尾液基质中氧化 95%的 5 g/L Fe^{2+}所需时间从第 13 代 58 个小时到第 22 代 23 个小时，即经过了 9 代培养，*A.f* 菌能使 5 g/L 的 Fe^{2+}的氧化率在 24 h 以内达到 95%以上。*A.f* 菌经过 3 级 22 代含高氟铀矿尾液定向驯化培养，完全能适应在高氟铀矿中生长，提高了 *A.f* 菌对铀矿物中氟的耐受性。

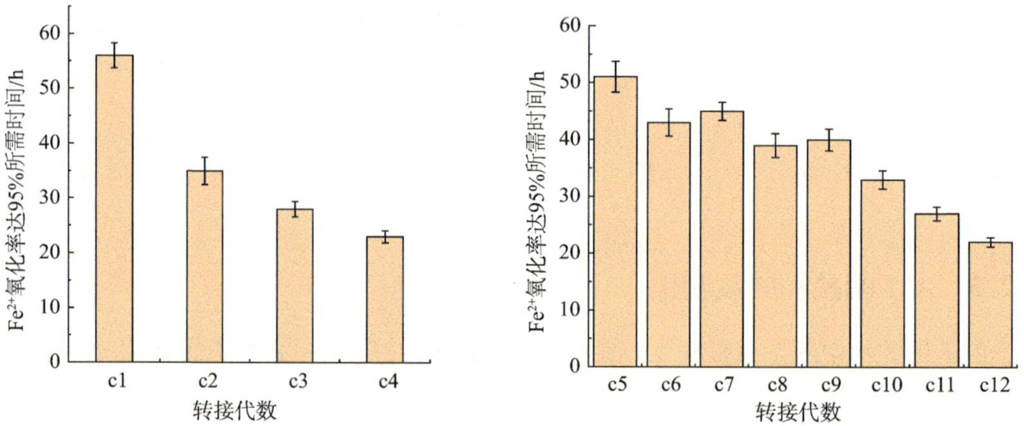

（a）*A.f* 菌在含50%尾液基质中氧化95%的5 g/L Fe^{2+}所需时间

（b）*A.f* 菌在含60%尾液基质中氧化95%的5 g/L Fe^{2+}所需时间

图 2.5 *A.f* 菌在不同比例尾液基质中氧化 95%的 5 g/L Fe^{2+}所需时间

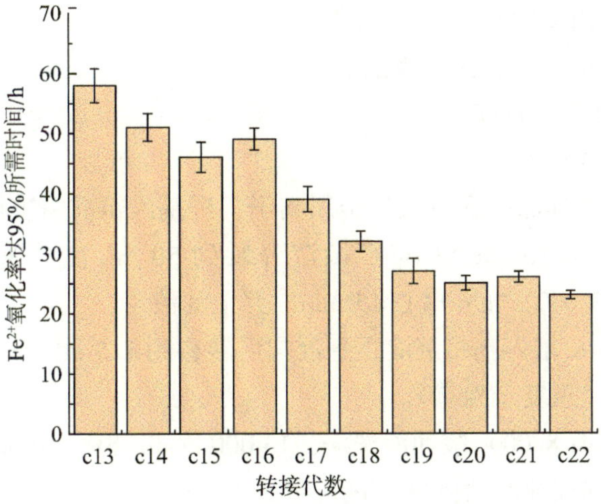

(c) *A.f*菌在含80%尾液基质中氧化95%的5 g/L Fe^{2+}所需时间

图 2.5　*A.f* 菌在不同比例尾液基质中氧化 95%的 5 g/L Fe^{2+} 所需时间（续）

2.3　*A.m* 菌种选育

（1）培养基

YF 液体培养基[115]

20 mL（50X）HBS；0.2 g/L 酵母；0.3 g/L 果糖；pH＝3；高压蒸汽灭菌。

YF 固体培养基（400 mL）

A 液：8 mL（50X）HBS；0.08 g 酵母；0.12 g 果糖；292 mL 自来水；pH＝3；蒸汽灭菌。

注：（50X）HBS 异养基础盐溶液。

$Na_2SO_4\cdot 10H_2O$ 7.5 g/L；KCl 2.5 g/L；（NH_4）$2SO_4$ 22.5 g/L；$MgSO_4\cdot 7H_2O$ 25 g/L；KH_2PO_4 2.5 g/L；Ca（NO_3）$_2\cdot 4H_2O$ 0.7 g/L。

（2）所需主要仪器设备

包括：SHZ-82A 恒温振荡器，YX280A 不锈钢蒸汽消毒器，MDF-U4086S 超低温冰箱，BS-IE 型振荡培养箱，BT224S（Sartorius）电子天平，321-S 型 pH 计，超声波清洗机，高压蒸汽灭菌器，ZF-7A 手提紫外检测灯，DYCP-31D 水平电泳槽，HH-4 数显恒温水浴锅，DNP-9082BS-III 电热恒温培养箱，XTS20/30 体视显微镜，SP-350 数码相机，BK5000 奥特光学生物显微镜，GL-21M 高速冷冻离心机等。

（3）所需主要分析测定方法

pH 测定：321-S 型 pH 计；

Eh 测定：SKY3-431 型氧化还原测定仪；

铀含量的测定：亚钛还原-钒酸铵滴定法；

铁含量的测定：EDTA 滴定法；

氟含量的测定：氟离子选择电极法。

（4）样品分离提取总 DNA

1）DNA 提取前的预处理

B3m YP1Q-C 菌液样品中含有大量金属离子，提基因组前需进行除杂。操作如下：

①取 100 mL 富集的 B3m YP1Q-C 菌液分装到 50 mL 离心管，2 000 r/min 离心 5 min，取上清液；13 000 r/min 离心 15 min，弃上清液。

②用 1 mL 无铁 9K 培养基将沉淀重悬混匀后转移到 1.5 mL EP 管。13 000 r/min 离心 10 min，取沉淀。(重复步骤②)。

③加 1 mL TE（pH 8.00）缓冲液洗涤，13 000 r/min 离心 10 min，弃上清液（重复步骤③)，最终收集到较纯的菌体（白色透明)。

2）总 DNA 的提取

采用 TaKaRa Fast DNA SPIN Kit for Soil 试剂盒，具体操作如下：

①往预处理后的沉淀样品中加入 980 μL SPB（Sodium Phosphate Buffer）溶液，悬浮，转至于 Matrix E Tube 中，加入 120 μL MT 缓冲剂。

②再用珠磨仪一次振荡 36 s，然后置于冰上 2 min，重复 6 次，结束后放于冰上 5 min，13 000 r/min，离心 15 min，上清液转到 2 mL EP 管中，加 250 μL 的 PPS (Protein Preciption Solution)，手中轻微颠倒 10 次使其产生白色的絮状物。

③12 000 r/min 离心 10 min，上清液转入 1.5 mL 离心管中，加入 1 mL Binding Matrix suspension。

④轻振 3 min，在冰上静止 5 min，弃上清液 700 μL。

⑤余上浑浊液混匀后上柱，每次 700 μL，分两次，13 000 r/min 离心 1 min 弃滤液。

⑥向柱中加入 500 μL 的 SEWS-M（注：加入前确认 SEWS-M 已加入 100 mL 乙醇)，悬浮柱内粉末沉淀，12 000 r/min 离心 2 min，弃滤液。

⑦将柱子移入 Catch Tube 中，室温晾 10 min 至乙醇全部挥发。

⑧加入 50~100 μL DES 重悬，12 000 r/min 离心 1 min 转移到 catch tube 中，得到 DNA 样品。

⑨滤液再次上柱（提高回收率）12 000 r/min 离心 2 min，取滤液保存于-20 ℃冰箱。

3）用 16S 通用引物扩增（见表 2.5）

表 2.5　25.0 μL PCR 扩增反应体系　　单位：μL

PCR 扩增体系 25	
基因组 DNA	1
上游引物 27F	0.5

续表

PCR 扩增体系 25	
下游引物 1387R	0.5
Ex-Taq	0.2
ddH_2O	18.3
dNTPs	2.0
10×Ex buffer	2.5
Total	25.0

对 DNA 进行纯化后，采用细菌通用引物进行 16S rRNA 的基因扩增。

PCR 扩增反应体系见表 2.5。扩增程序为：

①94 ℃预热处理 5 min。

②94 ℃变性 40 s。

③55 ℃退火 30 s。

④72 ℃延伸 90 s；从②~④，进行 30 个循环。

⑤72 ℃延伸 10 min。

4）16S rDNA 的纯化

扩增产物用 0.8%~1%琼脂糖凝胶进行电泳。用 1×TAE 缓冲液、在电压 120 mV 下电泳 20~30 min，Bio-print 008 凝胶成像系统下检测 PCR 产物片段大小是否正确，有没有污染，拍照保存。PCR 产物验证正确后，用 2.0%琼脂糖凝胶进行电泳。用 1×TAE 缓冲液、在电压 80 mV 下电泳 30~40 min，结束后于手提式紫外灯下切出符合大小扩增片段。

采用 TaKaRa DNA Fragment Purification 试剂盒对 PCR 产物进行纯化，具体操作如下：

①取 5 倍胶块体积的 Binding Buffer（×P2）溶胶液到放有胶块的 EP 管中。

②取 HiBind DNA Mini 柱子安装在干净的 2 mL 收集管内，将获得的 DNA 溶胶液全部转移至柱子中，13 000 r/min 离心 1 min。

③滤液再次转移到 HiBind DNA Mini 柱中，13 000 r/min 离心 1 min（提高回收率），弃滤液。

④将柱子放回 2 mL 收集管内，取 300 μL Binding Buffer（×P2）至柱子中，13 000 r/min 离心 1 min，弃滤液。

⑤将柱子放回 2 mL 收集管内，取 700 μL SPW 洗涤液至柱子中，充分混匀，12 000 r/min 离心 1 min，弃滤液。

⑥重复步骤⑤。

⑦将柱子放回 2 mL 收集管内，12 000 r/min 离心 1 min，以甩干柱子基质中残余的液体，打开盖子，室温静置 5 min（使乙醇挥发）。

⑧将柱子转移到干净的 1.5 mL 离心管中，加入 30 μL 的洗脱液（ddH_2O）到柱基质上，室温放置 2 min，12 000 r/min 离心 1 min。

⑨取 30~50 μL 洗脱液（ddH_2O），用 1.0%的琼脂糖凝胶电泳验证回收产物。

5）回收产物和 pEASY-T3 质粒连接和转化

采用北京金式全生物有限公司的 pEASY-T3 质粒连接和转化试剂盒。具体操作如下：取 1 μL pEASY-T3 质粒连接载体，加入 4 μL PCR 回收产物，总体积为 5 μL，混匀，室温静置 10~15 min；从−80℃冰箱中取出 Trans1-T1 感受态细胞，在冰浴中溶解，将连接体系转移到 50 μL 感受态细胞中，轻轻混匀，冰浴 25~30 min；冰浴结束后迅速将其转移到 42℃的循环水浴锅中热激 65 s；立即转移到冰上，静置 2~3 min；在无菌操作台中加入 500 μLLB（不含 AMP）液体培养基，在 37℃摇床中 160 r/min 培养 1 h，使感受态细胞复苏。

6）重组细胞的蓝白斑筛选

往固体平板培养基（含 AMP）中央滴加 40 μL 2% X-gal 和 7 μL 20% IPTG，迅速用灭好菌的玻璃涂布棒轻轻刮匀，使得液体全部吸收。在室温放置 2~3 h 后将复苏后的菌液混匀，每 150 μL 涂布一个平板，用灭好菌的玻璃涂布棒轻轻涂匀，每个样品涂 4 个平板，室温放置 2~3 h 使得液体全部被吸收。在 37 ℃恒温培养箱中倒置培养 12~16 h，培养结束后放入 4℃冰箱中显色 4 h，观察菌落数目及蓝白斑情况。

7）阳性克隆子的挑选

用已灭菌的牙签在同一个样的 4 个平板随机挑取白色的阳性克隆 120 个，接种于画好格子编好号的含 AMP、X-GAL 及 IPTG 筛选平板上，倒置培养 12~16 h。

8）PCR 扩增筛选（见表 2.6）

表 2.6　20.0 μL PCR 扩增反应体系　　　　单位：μL

PCR 扩增体系 20	
ddH_2O	7.5
dNTPs	1.6
2×GC buffer	10.0
T7	0.5
SP6	0.5
LA-Taq	0.1
模板	菌落细胞少许

培养结束后放入 4 ℃冰箱中显色 4 h，挑取白色单克隆做菌落 PCR。PCR 扩增体系见表 2. 6。扩增程序为：

①95 ℃预热处理 4 min。

②60 ℃菌液裂解 1 min。

③94 ℃变性 40 s。

④55 ℃退火 40 s。

⑤72 ℃延伸 90 s；从③~⑤进行 29 个循环。

⑥72 ℃延伸 10 min，10 ℃保存。反应结束后用 1%的琼脂糖凝胶电泳检测菌落 PCR 产物，电压为 120 V，时间为 30 min。

9）酶切

单克隆 PCR 产物验证结束后，挑取约 100 个对应阳性产物进行 Alu I 酶切，在 37 ℃恒温条件下酶切 2 h。

酶切体系如表 2. 7 所示。

表 2. 7 酶切体系 单位：μL

总体系 8	
ddH_2O	2. 1
10×L buffer	0. 8
Alu I	0. 1
DNA 扩增产物	5. 0

将酶切产物与缓冲液混匀后，2%琼脂糖凝胶电泳 1 h 左右，检测酶切结果。

10）序列的测定及克隆文库的建立

根据酶切图谱，统计出不同条带类型，挑选对应条带类型的代表菌落测序，测序结果通过 NCBI（National Center for Biotechnology Information）数据库，与已知序列比对，确定菌的名称，最终建立文库。

2. 3. 1 *A. m* 菌分离纯化

本次试验菌群选自 745 铀矿高氟铀矿石堆浸后期矿渣样 20 g，放入 YF 液体培养基中培养，如图 2. 6（a）所示，液体为淡粉色。通过划线法接种至 YF 固体培养基，恒温 30 ℃静置培养，通过显微镜观察菌落生长情况，并记录菌落形成及特征[116-120]。异养菌在体式显微镜（4×5 倍）下菌落形态如图 2. 6（b）所示。在 9K-葡萄糖固体培养基上菌落呈圆形，表面光滑，乳白色半透明，直径约为 0. 6~1. 0 mm。

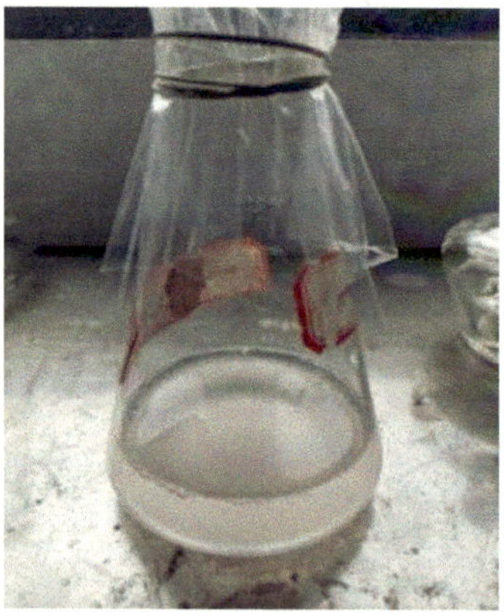

（a）菌体液体培养

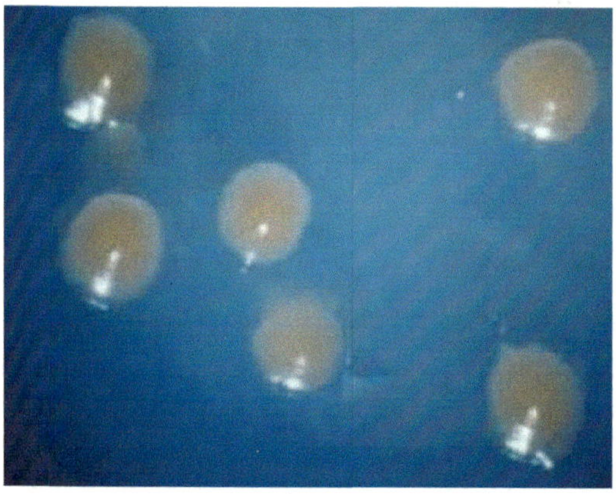

（b）菌落形态

图 2.6　菌体液体培养及菌落形态

2.3.2　*A. m* 菌鉴定

该菌的鉴定也采用 16 s rDNA 序列分析方法，也是送往上海生工生物工程技术服务有限公司完成，测序结果见附录 A。将该测序结果输入 NCBI（National Center for Biotechnology Information）中的 GenBank 数据库进行 BLAST 比对，结果显示其序列与数据库中 *A. m* 菌的相似性可达到 99.92%，如图 2.7 所示。可判断该菌为 *Acidiphilium multivorum* 菌（编号为 AMYY-1，本书的 *A. m* 菌均为该编号的菌种）。

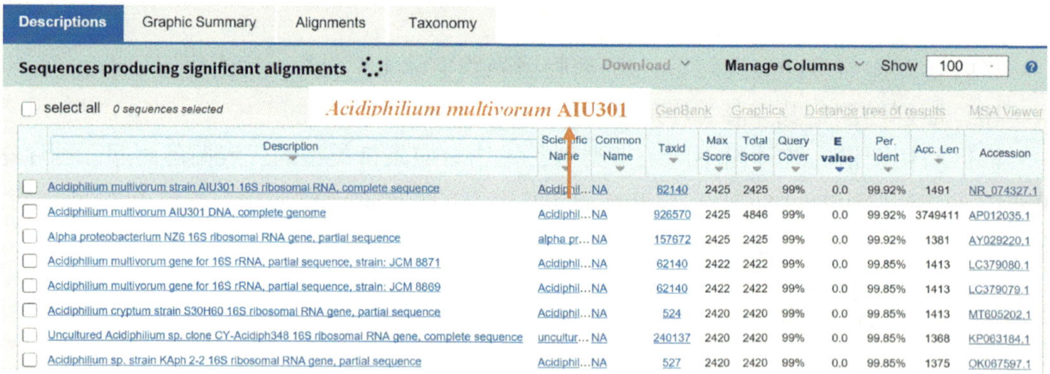

Descriptions　Graphic Summary　Alignments　Taxonomy

Sequences producing significant alignments　Download　Manage Columns　Show 100

select all　0 sequences selected　*Acidiphilium multivorum* AIU301　GenBank　Graphics　Distance tree of results　MSA Viewer

Description	Scientific Name	Common Name	Taxid	Max Score	Total Score	Query Cover	E value	Per. Ident	Acc. Len	Accession
Acidiphilium multivorum strain AIU301 16S ribosomal RNA, complete sequence	Acidiphil...	NA	62140	2425	2425	99%	0.0	99.92%	1491	NR_074327.1
Acidiphilium multivorum AIU301 DNA, complete genome	Acidiphil...	NA	926570	2425	4846	99%	0.0	99.92%	3749411	AP012035.1
Alpha proteobacterium NZ6 16S ribosomal RNA gene, partial sequence	alpha pr...	NA	157672	2425	2425	99%	0.0	99.92%	1381	AY029220.1
Acidiphilium multivorum gene for 16S rRNA, partial sequence, strain: JCM 8871	Acidiphil...	NA	62140	2422	2422	99%	0.0	99.85%	1413	LC379080.1
Acidiphilium multivorum gene for 16S rRNA, partial sequence, strain: JCM 8869	Acidiphil...	NA	62140	2422	2422	99%	0.0	99.85%	1413	LC379079.1
Acidiphilium cryptum strain S30H60 16S ribosomal RNA gene, partial sequence	Acidiphil...	NA	524	2420	2420	99%	0.0	99.85%	1413	MT605202.1
Uncultured Acidiphilium sp. clone CY-Acidiph348 16S ribosomal RNA gene, complete sequence	uncultur...	NA	240137	2420	2420	99%	0.0	99.85%	1368	KP063184.1
Acidiphilium sp. strain KAph 2-2 16S ribosomal RNA gene, partial sequence	Acidiphil...	NA	527	2420	2420	99%	0.0	99.85%	1375	OK067597.1

图 2.7　异养菌株 16SrDNA 测序结果比对

2.3.3　*A. m* 菌形态特征

通过扫描电子显微镜观察发现 *A. m* 菌形态为短杆状，运动能力较好，个体大小长度为（1.2±0.2）μm、宽度为（0.4±0.1）μm，如图 2.8 所示。

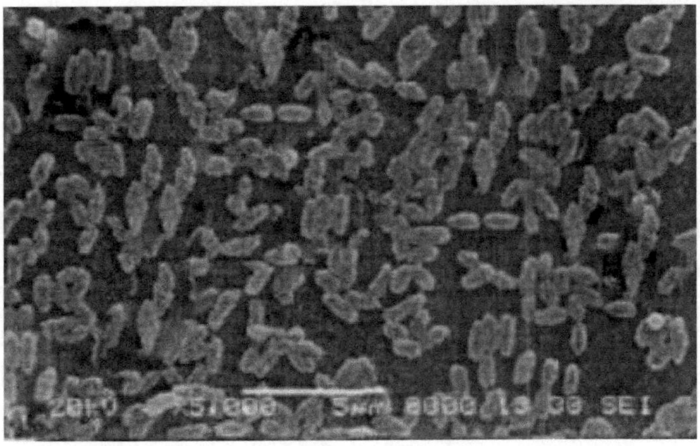

图 2.8 *A. m* 菌扫描电子显微镜图

2.3.4 *A. m* 菌生理生化特征

A. m 菌能利用葡萄糖、果糖、乳糖、蔗糖等有机物进行异养生长，还需研究该菌的最适 pH、温度以及铁的还原性。

（1）材料与方法

①试验菌株：*A. m* 菌。

②试验药剂：$Fe_2(SO_4)_3$。

③试验方法。

1）pH。采用波长为 420 nm 分光光度法间接反应 *A. m* 菌的菌密度[108]，通过菌密度得出 *A. m* 菌的最适 pH。*A. m* 菌接种量为 2%的 YF 液体培养基 100 mL 体系（98 mL YF 液体培养基、2 mL *A. m* 菌液），在 pH 分别为 1.8、2.0、2.5、3.0、3.5、4.0 及 4.5 时进行试验，在温度为 30 ℃、120 rmp/min 温摇床中连续培养，每隔 3 h 测定 *A. m* 菌的菌密度，设置 3 组平行样。

2）温度。也是采用波长为 420 nm 分光光度法间接反应 *A. m* 菌的菌密度，通过菌密度得出 *A. m* 菌的最适温度。*A. m* 菌接种量为 2%的 YF 液体培养基 100 mL 体系（98 mL YF 液体培养基、2 mL *A. m* 菌液），在温度分别为 20 ℃、25 ℃、30 ℃、35 ℃及 40 ℃时进行试验，在 pH 为 3.0、120 rmp/min 温摇床中连续培养，每隔 3 h 测定 *A. m* 菌的菌密度，设置 3 组平行样。

3）铁的还原性。在 *A. m* 菌接种量为 2%的 YF 液体培养基 100 mL 体系（98 mL YF 液体培养基、2 mL *A. m* 菌液）中加入 0.625 g $Fe_2(SO_4)_3$（2 g/L 的 Fe^{3+}），每隔 3 h 测体系内的 Eh、Fe^{3+} 及 Fe^{2+} 浓度。设置一组空白对照组，即 100 mL 体系内全部为 YF 液体培养基，不加 *A. m* 菌，设置 3 组平行样。

（2）结果与讨论

1）pH

从图 2.9 可看出，*A. m* 菌的 pH 生长范围较广，最适合的 pH 为 3.0～3.5，在24 h 后达到最大值 0.732，但是 *A. f* 菌最适 pH 为 2.0～2.5，因此 *A. m* 菌在 pH 为 1.8～2.5 的环境条件下生长情况较为重要；在 pH 为 1.8 的环境条件下，*A. m* 菌的生长繁殖不受影响；pH 为 2.0 的条件下，*A. m* 菌在 42 个小时达到最大值 0.395，菌密度达到最适 pH 的 53.9%；pH 为 2.5 的条件下，*A. m* 菌在 36 个小时达到最大值 0.553，菌密度达到最适 pH 的 75.5%。因此，*A. m* 菌在 pH 为 1.8～3.5 条件下，随着 pH 降低，菌密度达到最大值需更长的时间，而且最大值在不断降低，但是 pH 为 2.0 达到了最适 pH 的 53.9%，pH 为 2.5 达到了最适 pH 的 75.5%，*A. m* 菌能适应 *A. f* 菌的 pH 环境。之所以要分析 *A. m* 菌能否适应 *A. f* 菌的 pH 环境是因为铀的生物浸出主要得益于 *A. f* 菌将 Fe^{2+} 氧化为 Fe^{3+}，*A. m* 菌主要作用在于使得 *A. f* 菌能更好的生长繁殖。

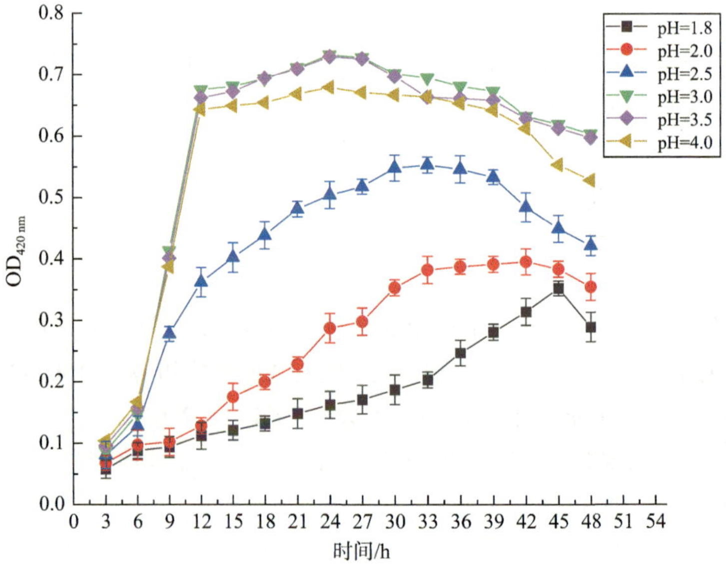

图 2.9　*A. m* 菌在不同的 pH 条件下菌密度随时间变化图

2）温度

从图 2.10 可看出，*A. m* 菌在温度为 25～35 ℃时生长较好，30 ℃时生长更快，在 24 h 达到峰值，因此 *A. m* 菌的最佳生长温度为 30 ℃，在最佳温度方面与 *A. f* 菌相同。*A. m* 菌在温度为 20 ℃时生长较慢，但经过 42 个小时也能达到较高的峰值。*A. m* 菌在温度为 40 ℃时的活性不如 20～35 ℃。

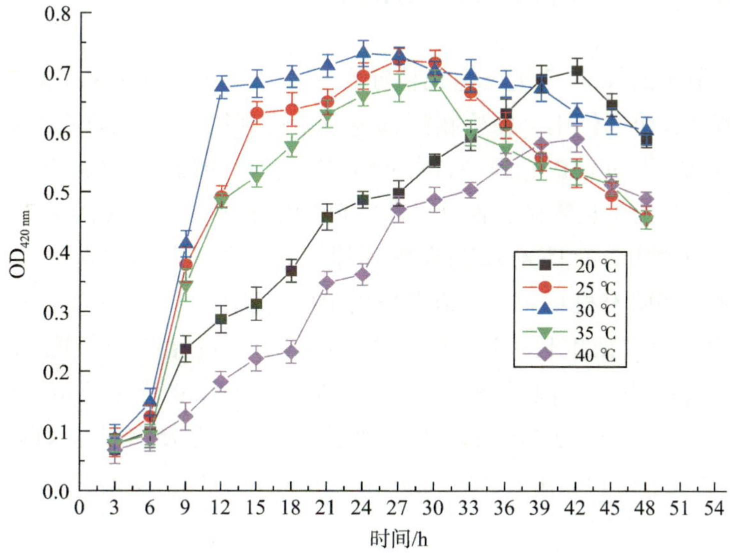

图 2.10　*A. m* 菌在不同的温度条件下菌密度随时间变化图

3）铁的还原性

从图 2.11 可看出，将 Fe^{3+} 加入 *A. m* 菌液中 Eh 相比空白对照组下降得更快，而且体系内有 Fe^{2+}，说明 *A. m* 菌具有铁的还原性，即在 *A. m* 菌的作用下使得 Fe^{3+} 转化为 Fe^{2+}。

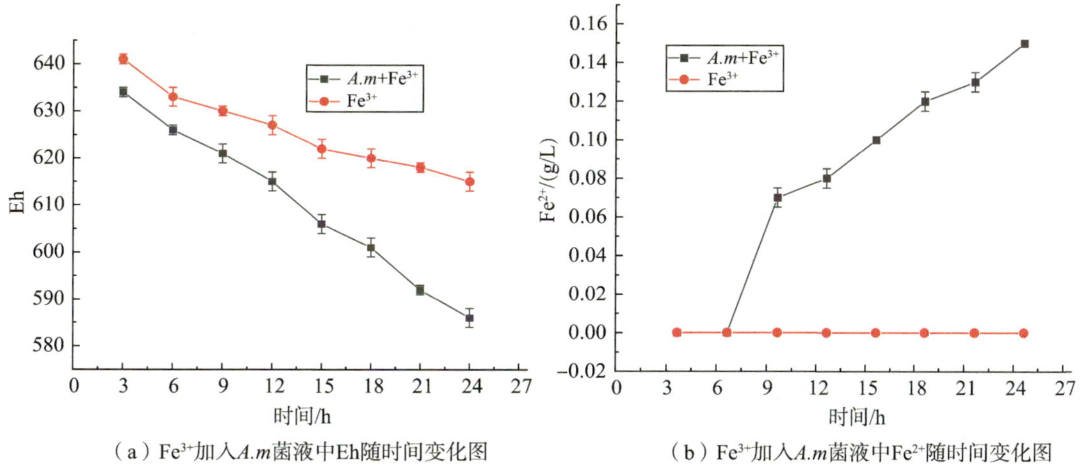

图 2.11　Fe^{3+} 加入 *A. m* 菌液中 Eh、Fe^{3+} 及 Fe^{2+} 随时间变化图

2.4 *A.f* 菌与 *A.m* 菌协同作用的特征

通过 2.3.4 节中的 *A.m* 菌生理生化特征和 2.2.2 节中的 *A.f* 菌生理生化特征可知，*A.f* 菌与 *A.m* 菌具有协同作用。在生物浸铀体系中可利用 *A.m* 菌的铁还原性与 *A.f* 菌的铁氧化性协同浸铀，*A.m* 菌的铁还原性能产生 Fe^{2+}，从而使得 *A.f* 菌获得了更多的能源物质，促进了 *A.f* 菌的生长繁殖，而 *A.f* 菌密度的增加能产生更多的 Fe^{3+}，又给 *A.m* 菌提供了更多的能源物质；而且 *A.m* 菌在铁还原过程中能利用 *A.f* 菌产生的有机物进行异养生长，因之可解除有机物对 *A.f* 菌生长繁殖的抑制作用。*A.f* 菌与 *A.m* 菌的最适生长温度都为 30 ℃；*A.f* 菌生长最适 pH 为 2.0~2.5，*A.m* 菌生长最适 pH 为 3.0~3.5。虽然两种菌最适 pH 不同，但是 *A.m* 菌密度在 pH 为 2.0 环境下达到了最适 pH 的 53.9%，*A.m* 菌密度在 pH 为 2.5 环境下达到了最适 pH 的 75.5%，因此 *A.m* 菌也能适应 *A.f* 菌的 pH 环境。所以，*A.f* 菌与 *A.m* 菌能在 pH 为 2.0~2.5、温度为 30 ℃环境下共同生长，并产生协同作用。

2.5 小结

本章中铀矿石试验样品来自 745 矿堆场铀矿石，并从 745 铀矿高氟铀矿石堆浸后期矿渣样中分离纯化 *A.m* 菌，本章主要结论如下：

1）试验中铀矿石样品以高氟低硫为主要特征。铀矿石中氟含量较高，为 2.21%，对于 *A.f* 菌具有毒害作用，不利于铀的生物浸出，而且铀矿石中硫含量较低，为 0.197%，折算成 FeS_2 为 0.369%，使得 *A.f* 菌生长的能源物质不够，影响其生长繁殖，最终也不利于铀的生物浸出。

2）通过高氟尾液驯化，提高 *A.f* 菌对铀矿物中氟的耐受性。采用 3 级 22 代含高氟铀矿尾液定向驯化培养方法，可提高 *A.f* 菌对铀矿物中氟的耐受性。

3）*A.m* 菌具有铁的还原性。将 Fe^{3+}加入 *A.m* 菌液中，Eh、Fe^{3+}浓度相比空白对照组下降得更快而且体系内有 Fe^{2+}，说明 *A.m* 菌具有铁的还原性。

4）*A.f* 菌与 *A.m* 菌具有协同作用。在生物浸铀体系中可利用 *A.m* 菌的铁还原性与 *A.f* 菌的铁氧化性协同浸铀，而且 *A.m* 菌在铁还原过程中能利用 *A.f* 菌产生的有机物进行异养生长，因之可解除有机物对 *A.f* 菌生长繁殖的抑制作用。*A.f* 菌与 *A.m* 菌的最适生长温度都为 30 ℃；*A.f* 菌生长最适 pH 为 2.0~2.5，*A.m* 菌生长最适 pH 为 3.0~3.5。虽然两种菌最适 pH 不同，但是 *A.m* 菌密度在 pH 为 2.0 环境下达到了最适 pH 的 53.9%，*A.m* 菌密度在 pH 为 2.5 环境下达到了最适 pH 的 75.5%，因此 *A.m* 菌也能适应 *A.f* 菌的 pH 环境。所以，*A.f* 菌与 *A.m* 菌能在 pH 为 2.0~2.5、温度为 30 ℃环境下共同生长，并产生协同作用。

第 3 章　生物浸铀中 $A.f$ 与 $A.m$ 微生物系统的耗散结构特征

第 2 章研究表明 $A.f$ 菌与 $A.m$ 菌具有协同作用。耗散结构理论对于协同作用问题的研究具有重要的指导作用。耗散结构理论能否指导生物浸铀中 $A.f$ 菌与 $A.m$ 菌的协同作用研究，首先取决于生物浸铀中 $A.f$ 与 $A.m$ 微生物系统是否具备耗散结构特征。因此，本章将分析生物浸铀中 $A.f$ 与 $A.m$ 微生物系统是否具备耗散结构特征。

3.1　耗散结构理论

热力学第二定律表明在自然状态下热量永远都只能从热处传到冷处，最后趋于均匀，因此该定律显示一个孤立的系统会向简单、消除差别的方向转化。故热力学第二定律的提出者克劳修斯认为全宇宙也将趋于均匀，即“宇宙热寂学说”，人类终将终结，这显然与达尔文的进化论相矛盾。为此科学家们在热力学第二定律的范围内积极进行了物理、化学系统中由低级运动形式到高级运动形式的演化的探索，贝纳德在流体系统中成功实现了这一探索，肖洛和汤斯发现了激光现象等等，这些自组织现象或协同作用表明在热力学第二定律的范围内积极进行了物理、化学系统中由低级运动形式到高级运动形式的演化。耗散结构理论的提出者普利高津称这些自组织为耗散结构，因为要保持自组织需不断地消耗外界能量[121-125]。

20 世纪以来，人们目睹了现代物理学的巨大进步。量子力学和相对论的诞生就是这种进步的最突出代表。现在，在微观范围内，粒子物理学已深入到揭示空间尺度为 10^{-15} cm、时间尺度为 10^{-22} s 的数量级的物理过程；而在宏观方面，宇宙论的研究对象已扩大到空间尺度为 10^{28} cm、时间尺度为 10^{10} 年的范围。科学实践表明，人类对客观物质世界的认识无论在广度还是深度上都是无限的。

现代物理学发展的另一个重要方面是朝系统的多样化、复杂化的方向发展。这个方面的研究，涉及到各种不同的空间和时间尺度的运动形式，尤其是着重于人们日常生活所处的这一时空尺度。由于这一领域的研究直接与人类现实生活休戚相关，也因为各种科学领域包括化学、生物学、生态学以及多种自然科学以至社会科学的研究对象都是复杂系统，所以，以复杂系统为对象的现代物理学的发展正在引起人们的密切关注，并产生了强烈的兴趣。

在物理学研究的这个前沿上，以研究具有大量粒子和大量自由度的复杂系统为对象的热力学和统计物理学，得到了巨大的成功。特别是在远离平衡的非线性区的热力学和统计物理学的研究方面，近 20 年来取得了新的突破。以比利时自由大学普利高津教授为首的布鲁塞尔学派，联邦德国斯图加特大学的哈肯学派，日本东京大学的久保学派等都为非平衡热力学-统计物理学理论的发展作出了杰出的贡献。其中布鲁塞尔学派所建立的耗散结构理论，对阐明远离平衡的自组织现象起了突出的作用。普利高津本人为此荣获 1977 年诺贝尔化学奖。

3.1.1　相关概念

（1）可逆与不可逆

为了阐明耗散结构理论在整个物理学及自然科学中的地位，需先从牛顿力学和热力学对时间的观点入手。

1）牛顿力学的可逆性

时间和时间的演化是非平衡统计物理学研究的中心课题之一。在动力学中，时间有着简单得多的意义。它和三维空间坐标一样，仅仅被看作描述物理过程的时空行为的第四个坐标，在经典力学中时间 t 出现在牛顿方程里。

$$\vec{F} = m\frac{\mathrm{d}^2\vec{r}}{\mathrm{d}t^2} \tag{3.1}$$

方程（3.1）描述了质量为 m 的质点在力 $\vec{F}$ 的作用下的运动规律。如果把时间符号改变为：$t\rightarrow -t$，这个方程是不变的。也就是说，牛顿方程对时间反演是对称的。利用牛顿方程既可以决定未来，又可以说明过去。

根据牛顿方程，如果存在如图 3.1 中 a 的运动，也必然可以实现如图 3.1 中 b 的运动。换句话说，牛顿方程是可逆的，在方程中不出现“时间箭头”。不仅牛顿方程如此，在量子力学、相对论力学等各种领域，时间本质上都只是描述可逆运动的一个几何参量。它们的基本方程都是时间反演对称的。传统的动力学给出了一个可逆的、对称的物理图像。

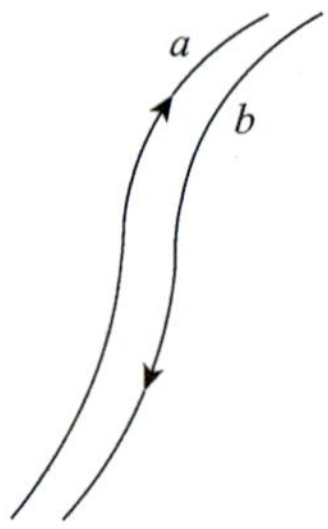

图 3.1　牛顿方程的可逆轨迹

2）热力学与不可逆运动

19 世纪，由于生产的发展，特别是由于蒸汽机的广泛应用，热力学开始建立和发展起来。热力学是研究与物质冷热变化及热量传递有关现象的一门科学。1842—1848

年，由迈尔、焦耳、赫尔姆霍茨等人建立了与热现象有关的能量转化和守恒定律即热力学第一定律。接着1850—1851年，开尔文和克劳修斯建立了描述能量传递方向的热力学第二定律，从而奠定了热力学的理论基础。为了从微观角度说明宏观热力学现象，克劳修斯、麦克斯韦、玻耳兹曼、吉布斯等人又建立了统计物理学。

热力学的产生给物理学带来了革命性的变化，它使不可逆现象进入了物理学的研究范围。一根与外界绝热的金属棒，如果初始时棒上各点温度不均匀（见图3.2），随时间的推移高温部分将把热传给低温部分，最后达到棒上温度的均匀分布（见图3.3）；而一旦达到均匀温度分布，没有外界的传热等作用，棒上温度的分布永远不会回到图3.2的状态。又如，在匣的隔板左边充满了理想气体（见图3.4），打开隔板，气体会自发地向右边空间扩散，直到充满整个匣子（见图3.5）。这时，倘若没有外加干涉，气体绝不会自动地集中返回到左边。在以上两例中，都看到不均匀分布的温度和密度会自发地趋向均匀分布；而反过来，均匀分布的状态则不会自发地返回到不均匀分布。这里体现了“时间箭头”，一切演化必须沿箭头的方向进行，而反方向逆箭头的过程是不会自发产生的。

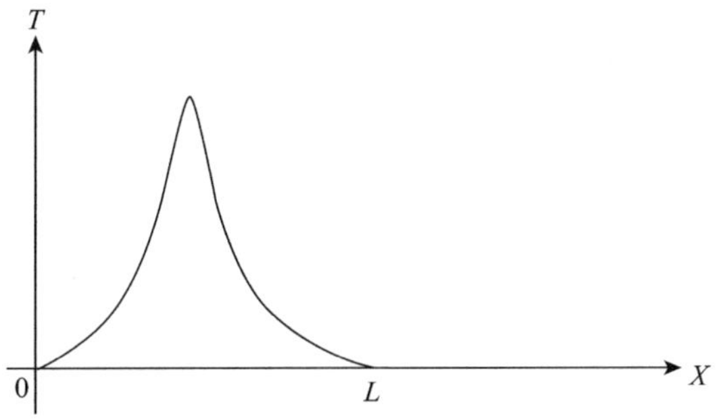

图3.2　初始温度不均匀分布

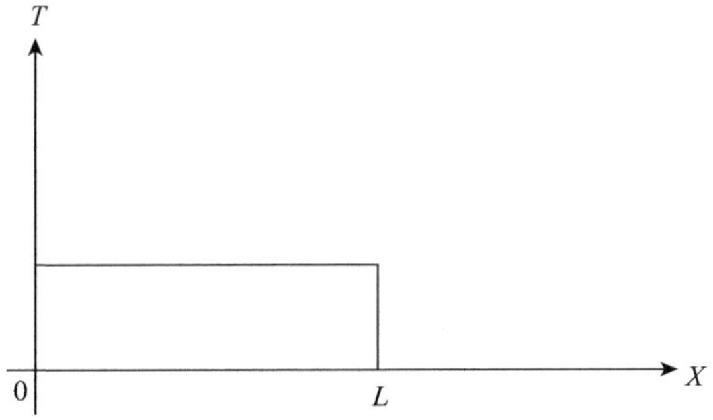

图3.3　温度均匀分布图（当时间 $t\to\infty$ 时）

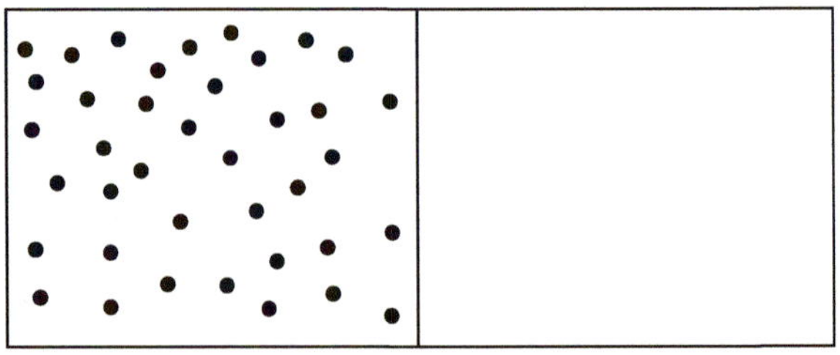

图 3.4　气体不均匀分布

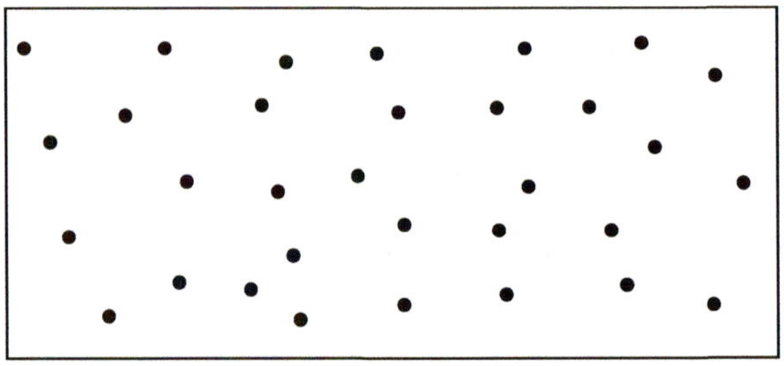

图 3.5　气体均匀分布图（时间 $t \to \infty$ 时）

描述图 3.2、图 3.3 过程的方程叫傅里叶方程

$$\frac{\partial T(x,\ t)}{\partial t} = -\lambda \frac{\partial^2 T(x,\ t)}{\partial x^2} \tag{3.2}$$

这里函数 $T(x,\ t)$ 是在 t 时刻金属棒 x 处的温度，而 λ 是说明热传导速率的一个量，叫热传导系数，它总是正值。对这方程进行时间反演 $t \to -t$。

方程（3.2）变成

$$\frac{\partial T(x,\ t)}{\partial t} = \lambda \frac{\partial^2 T(x,\ t)}{\partial x^2} \tag{3.3}$$

它和反演前的方程不同，即傅里叶方程不具有时间反演的对称性，这种对称性的破缺产生了图 3.2、图 3.3 的时间箭头。

与图 3.1 牛顿方程的可逆轨道相对照，图 3.6 示意了在傅里叶方程的演化下，初始不均匀的分布都要向共同的均匀分布的状态发展，它不会有图 3.1（b）中的可逆过程。而当温度已达到均匀状态后，人们无法用傅立叶方程求知以前的分布是什么样子，过去的历史被不可逆过程遗忘了。这和牛顿方程的行为完全相反。

热力学和动力学提供了两种不同的物理图像。值得指出的是，尽管金属棒是一个复杂的由大量“微观”小粒子所组成的物体，但小粒子的“微观运动”仍然服从力学方程，即“微观运动”是可逆的。这种可逆的微观力学方程和不可逆的宏观运动之间的矛盾，成了复杂系统物理学所面临的基本问题之一。

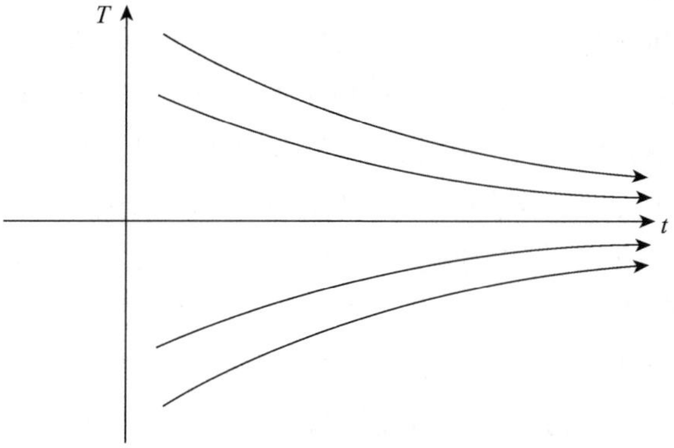

图 3.6　初始不均匀向共同均匀分布状态发展

（2）退化与进化

可逆与不可逆、有无时间箭头的问题体现了物理学中动力学和热力学之间的重大间隙，而时间箭头指向的问题则构成了物理学、化学等研究无生命的科学与生物学、社会学等研究生命的科学的另一更为基本的矛盾。

19 世纪的热力学和生物学都涉及到世界运动的方向，即时间箭头问题。热力学第二定律说明一个孤立的系统要朝均匀、简单、消除差别的方向发展，这实际上是一种趋向低级运动形式的退化。克劳修斯把这一理论推广到全宇宙，得出了“宇宙热寂说”的悲观结论。按照“热寂说”的观点，宇宙中的万事万物最终要发展到一种均匀的状态，在这个世界各处温度均匀，压强均匀，以及各种物理差别不复存在，即宇宙进入了一个死亡、寂寞的世界。而一旦达到这个世界，它就再也不能“活”过来。

在现实生活中，的确观察到这种倾向。经验可知冷热物体相接触，热的会变冷而冷的会变热，最后达到相同温度。然而生活中也到处出现与上述演化相反的倾向，即由简单到复杂，由低级到高级，由无功能到有功能到多功能的方向演化。这是一个进化的方向，生物界的演化以及人类社会发展是这一进化最典型的代表。

达尔文的进化论可知，从荒漠的地球上产生出单细胞生物，通过长期的自然淘汰，适者生存的竞争和选择发展出了今天各种高级的生物，以至产生了人这样极不简单、极不均匀的机体。人体的各种器官以各自的功能组织成有效的复杂的整体，而归根到底人是从无生物的荒原中破土而出的一枝奇葩。生物发展的历史又给出了一个时间箭头，这就是进化的箭头。它和前面所说的物理学上的退化箭头形成鲜明的对照。这里，就产生了克劳修斯和达尔文的矛盾，即退化与进化的矛盾——生物界（包括人类社会在内）似乎遵循着自己的特殊规律，它与物理世界的规律完全不同，甚至恰恰相反。

两种物理图像，产生了动力学与热力学的关系问题；两个演化方向，涉及到物理学和生物学的关系问题。这正是以复杂系统为对象的热力学和统计物理学的两个基本问题。正如普利高津指出的那样：“19 世纪是带着一种矛盾的情况——作为自然的世界和作为历史的世界——离开我们的。”近百年来，讨论这些矛盾的论文不计其数，但问题至今尚未真正解决。著名的当代物理学家魏格纳曾经说："近代科学最重要的间隙是什么？显然是物理科学和精神科学的分离。实际上物理学家和心理学家之间毫无共同之处——或许，物理学家为心理学方面较肤浅的研究提供的某些工具可以除外。而心理学家则警告物理学家要小心，以免所隐藏的欲望影响他的思考和发现。"科学史家柯伊莱指出，牛顿用它的经典力学"把分割天体和地球之间的壁垒推倒，并且把二者结合起来，统一成为整个的宇宙。"但他却把"世界一分为二"，即分成一个物理的、量的世界；一个生物的、质的世界。于是形成了两个世界、两种科学、两类文化，二者之间存在着巨大的鸿沟。怎样把二者统一起来呢？能否用物理学家的观点来全面地解释生命的特点及其进化的过程，使生物学成为研究生命系统的"物理科学"，以实现自然科学的大统一呢？这些问题引起了当代科学家们的极大兴趣。非平衡系统的自组织理论正是在探讨这些根本性的问题过程中产生的。

（3）孤立系统与开放系统

热力学是以大量粒子（如分子、原子、电子等）组成的宏观系统作为自己研究对象的。这大量粒子的集合，被称作热力学系统或简称系统。如果记住每摩尔物质的分子数为 6.023×10^{23} 的量级，对于这个"大量"的含义将会更清楚些。热力学系统具有如此众多的粒子和大量自由度，这使它必然会表现出一些具有为数不多的粒子的简单系统所没有的性质。

1）系统与环境

在研究一个热力学系统的运动规律时，不仅要注意系统内部影响运动的各种因素，而且也要注意外部环境对系统的作用。对于每一个系统来说，周围的环境均可称为系统的外界。对于外界来说，只需考虑那些对系统的运动产生重要影响的因素，而不考虑与系统无关或关系不大的外界的各种复杂的现象，从而大大简化讨论。

2）孤立系统、封闭系统与开放系统

不受外界影响的系统叫孤立系统。严格说来，任何系统都要受到外界影响，自然界并不存在真正孤立的系统。然而在一段时间内，当系统所受的外界作用对所研究的问题影响很小时，就近似地将它看作孤立系统。比如，将中性气体放在绝热性能很好的固定弹性壁做成的匣子内，又不计重力的影响，这就可以将它近似地看作为孤立系统（见图 3.7）。

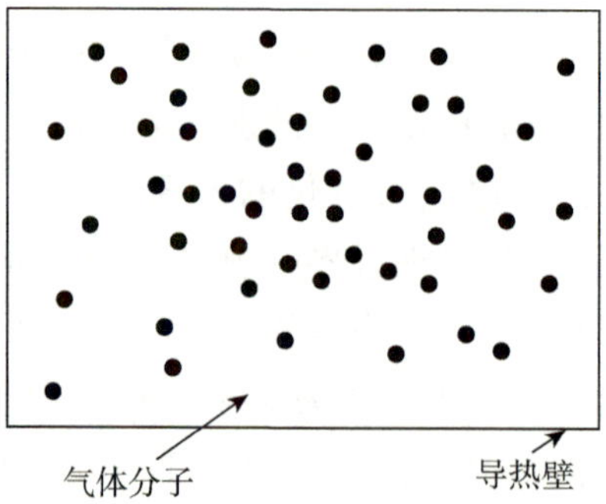

图 3.7　孤立系统

当系统被封闭容器与外界隔离开来时，它与外界便没有物质交换。然而，由于容器壁可以移动或传热，从而使系统与外界之间产生能量交换（做功或传热），这时的系统叫作封闭系统（见图 3.8）。与外界既有能量交换又有物质交换的系统，则叫开放系统（见图 3.9）。敞口容器里放了水，水作为系统就是开放系统，它和大气既交换能量又交换水分子。

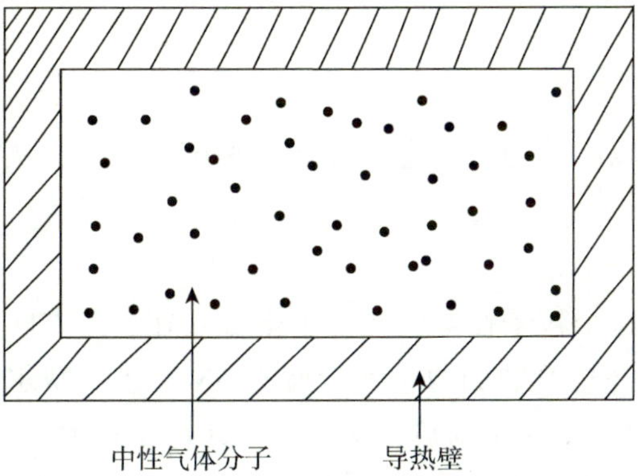

图 3.8　封闭系统

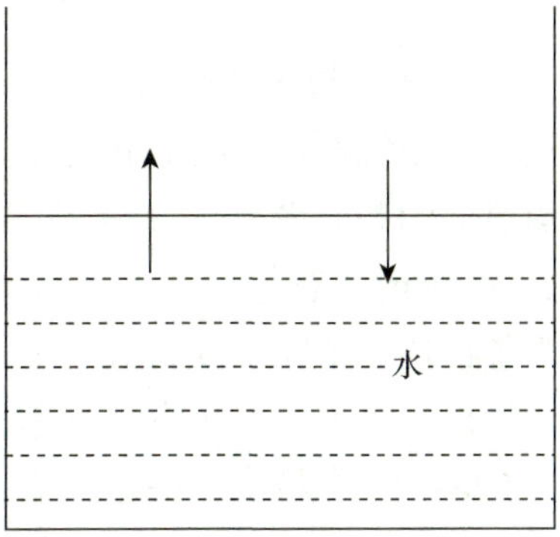

图 3.9　开放系统

孤立系统不受外界影响，系统内发生的过程是自发的。而封闭系统和开放系统则都受外界影响，在一定条件下，这类系统中发生的过程与孤立系统是根本不同的。不再区分后两类系统，而统一地把它们叫作开放系统。

孤立系统、封闭系统与开放系统示意图还可如图 3.10 所示。

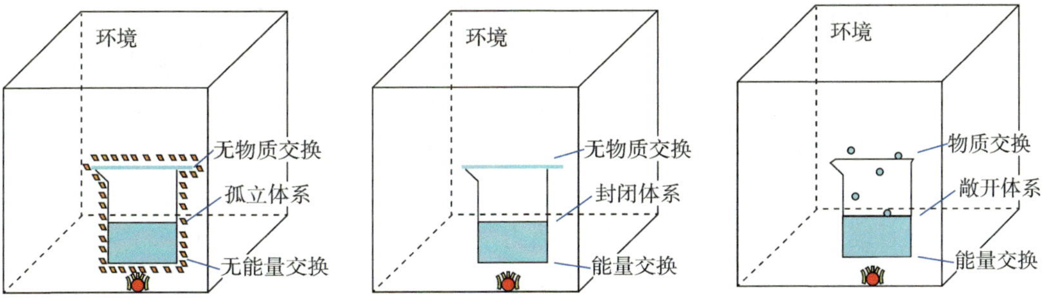

(a) 孤立系统　　(b) 封闭系统　　(c) 开放系统

图 3.10　孤立、封闭及开放系统示意图

3）热力学系统的推广

还可根据研究对象的具体性质来区分各类系统。除上述例子中的气体系统、液体系统外，还有各种形形色色的物理系统，如热辐射系统，表面膜系统，电、磁介质系统，溶液及化学反应系统，这些都是热力学系统。

这里复杂系统概念的广泛含义是指大量相互作用的小单元构成的大系统，这些小单元可能是电子、原子、分子等物理、化学粒子，也可能是生物体、生物种群以及社会经济单元等。本书将着重于研究这些小单元的相互作用及集体效应在大系统中产生出那些由各小系统的简单相加所不能具有的功能。

对所有这些系统，开放系统是泛指受系统之外的环境影响的系统。而孤立系统则是指外界影响很小，系统的演化和发展主要是由内部相互作用引起的、自发进行的系统。系统的开放性，对于系统由低级到高级的进化、自组织及新的功能的产生起着决定的作用。

（4）平衡态与非平衡态

热力学系统按其所处的状态不同，可以区分为平衡态系统和非平衡态系统，从而形成平衡热力学和非平衡热力学。

1）系统的状态与参量

为了描述一个粒子的状态，需要确定这个粒子在空间的 3 个坐标及在 3 个方向上的速度。如果一个力学系统有 N 个粒子，描述这系统的力学参量就有 6N 个。一摩尔的气体有 6.023×10^{23} 个粒子，一个具有 6.023×10^{23} 个粒子的热力学系统，具有 $6\times6.023\times10^{23}$ 个自由度。要确定这个热力学系统的这么多个力学参量是完全不可能的，也是不必要的。事实上，对某一时刻热力学系统中某个分子具有什么速度和处于什么位置（称它为微观参量）兴趣不大，经常关心的倒是系统（比如一间房间）内各部分空气的温度是多少，压强是多大等等。而这些参量是由大量分子的集体作用所产生的平均效应所决定的（称它们为宏观参量，又叫作热力学参量）。这样，要描述一个热力学系统，只要知道它的压强、温度及其他少量的宏观参量就够了。由这些参量所描述的系统的状态叫热力学状态。用研究少量热力学参量的演化行为来代替讨论极大量（6.023×10^{23} 量级）自由度的牛顿力学，这是在处理复杂系统问题时热力学比动力学优越之处。

值得指出的是，在系统的热力学（宏观）状态确定后，它的力学（微观）状态仍可以千变万化。一个空气不流通的房间内确定了温度和压强，就确定了它的热力学状态。然而空气中每个分子仍然在剧烈运动，不断地改变各自的位置与速度。

2）平衡态

一个孤立系统，初始时在各个部位的热力学参量（温度、气体密度等）可能具有不同的值。这些参量会随时间变化，最终将达到一种不变的状态（或叫定态），这种定态就叫平衡态。如将图 3.4 中间的隔板抽去，气体就会向右边自由膨胀，如不计外界影响，气体最终将达到密度均匀、温度均匀及压强均匀的平衡态。孤立系统一旦达到了平衡态，它就永远不会自发地离开这个态，除非外界影响强迫它这么做；而一旦有外界影响，它就不再是孤立系统了。

不但孤立系统会达到平衡，开放系统也可能是平衡态。在图 3.9 敞口容器里放的水是开放系统。如果外界空气的温度、压强近似地均匀，而水放置了足够长时间使它与外界达到相同的温度，且不再进行变化，这个稳定状态也近似于平衡态。

3）非平衡态

无论是孤立系统或开放系统的平衡态都有两个重要特征：①状态参量不再随时间变化，即达到定态。②在定态系统内部，不存在物理量的宏观流动如热流、粒子流等。凡是不具备以上任一条件的态，都叫非平衡态。

将一绝热匣子内的气体搅动一下，气体在匣子内作宏观运动，匣内各点的状态参量就会随时间改变，它不符合平衡条件①，这种状态就是非平衡态。经过一段时间后，这种改变会越来越缓慢，最后终于停止下来，即达到平衡态。从实际生活中看到任一孤立系统的非平衡态，总是朝平衡态的方向发展，到足够长的时间必定会到达平衡。这段演化所需的时间叫弛豫时间。

孤立系统的定态就是平衡态，而开放系统则有本质的不同。首先，开放系统不一定随时间朝定态发展。其次，即使开放系统到达定态，也不一定是平衡态。图 3.11 就是一个例证。图中金属棒 A 与两个大热源 C 与 D 热接触，热源温度不变并且 $T_c>T_D$。经过一段时间金属棒内就会形成左高右低的不均匀温度分布，然而各点温度不再随时间变化，即达到定态。这种定态就不是平衡态。因为这时在系统内存在着一种宏观物理量的流动，这就是热流。由于金属棒内温度梯度的存在，热量不断从高温热源 C 通过金属棒流向低温热源。恒定的电流和水流也有类似的情况，它们都是一种定态，但不是平衡态。

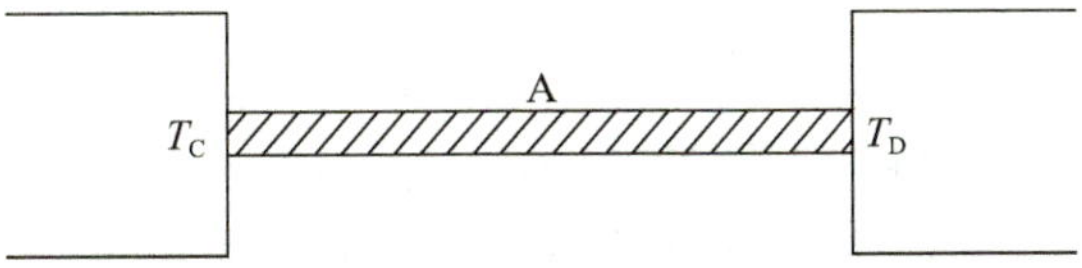

图 3.11　$T_C > T_D$

开放系统的演化强烈地依赖于系统的外部条件。它不同于孤立系统仅以平衡态作为自己的发展前景。在图 3.11 的条件下，只要维持 $Tc>T_D$ 的外部条件，无论时间多长，金属棒永远不会发展到平衡态。这样，开放系统的非平衡态的演化就有丰富的内容和多种的可能性。

4）对称性，有序和无序

对称性是指系统内的某种属性经过一定的变换仍保持不变的性质，如孤立系统的平衡态。序是指系统内各要素间具有一定的次序，与对称性相关度大，通常情况，系统的有序度与对称性成反比。例如某一气体孤立系统位于平衡态，虽然该系统内的分子仍然处于无规则运动，但是这种无规则运动是“无序”的微观运动，并且这一系统具有超强的对称性，如图 3.12（a）所示。

图 3.12（b）则不同，该系统内的气体压缩与左半部（系统为非平衡态），当放开左半部的气体时，气体会产生宏观的向右自由扩散运动。相比图 3.12（a），图 3.12（b）内的气体运动更有序，而且也无对称性。因此，有序则无对称。通常情况，非平衡态比平

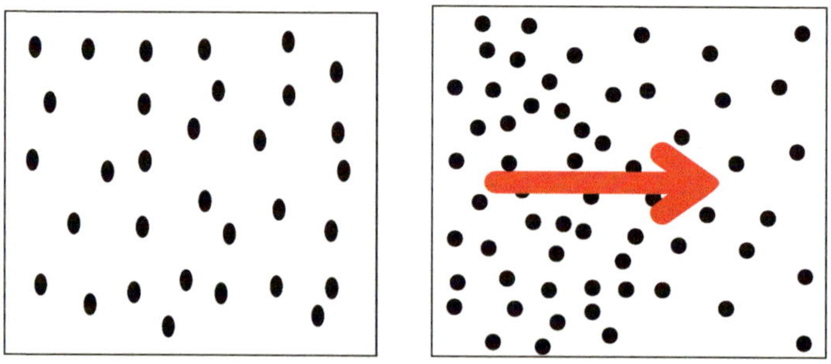

(a) 平衡态　　(b) 非平衡态

图 3.12　平衡及非平衡态

衡态更有序、无对称。

(5) 熵和不可逆性

熵是热力学引入的最重要的物理概念。它对复杂系统的研究至关重要。本小节不可能对熵的引入及其性质作详细讨论，而只能作一简单、直观的介绍。

1) 概率初步

为了引入熵，先介绍一些初步的概率常识。

物理学中有一些事物是完全可以预见的，如从某一高度自由下落的物体，在时刻 t 的位置和速度就可以事先预言，这类事件叫确定性事件。而另一些事件的发生则具有偶然性，如掷骰子。只要骰子是对称的，在它抛出后，谁也无法提前预言在落地停住时它的 6 个面哪一面朝上。这种事件叫随机事件。

那么在随机事件中是否有人们可以掌握的规律性呢？有的。

把每抛出一次骰子叫作一次试验。在每次试验结束后观察并记下实验的结果（朝上的数码）。假设 N 次试验后，某个数 i 朝上的次数为 $m\_i, i = 1,2,\cdots,6$。令

$$\nu_i = \frac{m_i}{N} \tag{3.4}$$

ν_i 叫作 i 面朝上的频率。改变 N，ν_i 会无规则地变化。但随着 N 的增大，频率 ν_i 的变化越来越小。当 N 很大时，ν_i 越来越接近于 1/6。而当 $N \to \infty$ 时，ν_i 的极限值

$$P_i = \lim_{N \to \infty} \nu_i = \lim_{N \to \infty} \frac{m_i}{N} = 1/6 \tag{3.5}$$

这个极限 P_i 叫作 i 面朝上的概率。

概率的概念在所有不确定事件中都会出现，它反映了在试验中指定事件出现的可能性的大小。概率越大可能性越大，概率越小可能性越小，概率为零的事件则不可能出现，而概率为 1 的事件必定每次出现。尽管上面只列举了最简单的概率问题，但以上的概率定义也适用于一般随机事件。

概率有几个重要性质：

①互不相关的事件同时发生的概率为每个事件单独发生概率的乘积。连续两次掷骰

子出现的结果是互不相关的。一次抛掷出现“5”的概率是1/6，连续两次都出现“5”的概率就是$1/6\times1/6=\frac{1}{36}$，而连续$n$次抛掷都出现“5”的概率则是$(1/6)^n$。

②两个互不相容事件出现的概率等于两事件单独出现的概率之和。掷一次骰子不可能同时出现“3”和“4”，因为一次事件只能出现一个数，是3就非4，是4就非3。这两个事件属于互不相容。它们出现的概率，即出现3或4的概率为$1/6+1/6=\frac{1}{3}$。

③概率值总是大于或等于零。可知

$$\frac{m_i}{N}\geqslant 0,\ P_i\geqslant 0$$

④全部互不相容事件出现的概率之和为1。则

$$\sum_{i=1}^{6}P_i=\sum_i\lim_{N\to\infty}\frac{m_i}{N}=\lim_{N\to\infty}\frac{\sum_{i=1}^{6}m_i}{N}=\lim_{N\to\infty}\frac{N}{N}=1\tag{3.6}$$

这叫概率的归一性。

2）熵

首先从一最简单的例子来认识熵，把一长方形匣子分为两半，将若干个无相互作用的（互不相关的）粒子置于匣内，假定每个粒子落在匣的左、右两半的可能性（概率）各为1/2。只区分粒子在匣子的左半边还是右半边，而不再进一步区分它们在左右两半边的具体位置。

如果只有一个粒子，它处于左边的概率为1/2，右边的概率也是1/2。而在左、右两边均匀分布的概率为零，因为一个粒子不可能既在左边又在右边。

如有①、②两个粒子，它们在匣内的分布可以有如图3.13四种可能。根据上述的概率性质（1），这四种分布的可能性各为$1/2\times1/2=1/4$。而粒子在左右两边的均匀分布（两半各有一个粒子）的概率为$1/4+1/4=1/2$（见概率性质②）。

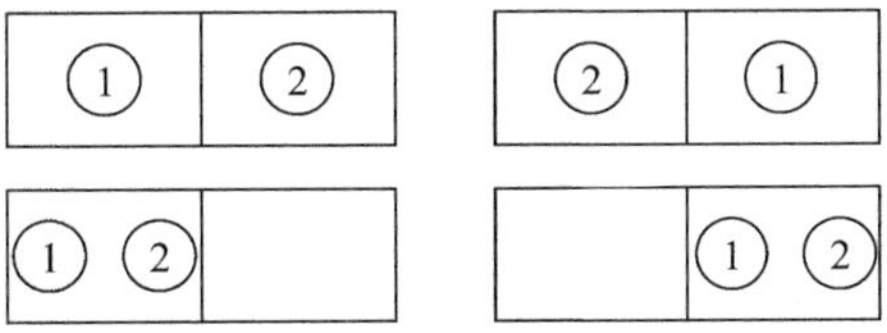

图3.13 ①、②两个粒子分布情况

当粒子数为10个时，将每个粒子在左、右部位的每一确定排列（称为微观排列）如①左、②右、③右、④左……⑩右的概率为$(1/2)^{10}=\frac{1}{1\,024}$。这时两边各为5个粒子均匀分布（又称宏观分布）的排列数可用排列组合的方法确定，即在10个粒子中任选5个放入左边，另5个在右边。这种排列数为

$$W(5,5)=C_{10}^{5}=252$$

其概率为 $P(5,5)=252\times\frac{1}{1\ 024}\approx 0.25$

而 10 个粒子全处于左边或全处于右边的极不均匀的排列数仅为

$$W(10,0)+W(0,10)=2\times C_{10}^{10}=2$$

其概率为

$$P(10,0)+P(0,10)=1/512\approx 0.002$$

可以看出，10 个粒子均匀分布的概率远大于极不均匀分布的概率。而当粒子数为 2 个时这两种概率是相等的。具体计算还可进一步证明，这时相对均匀地分布（即 (5,5)，(4,6)，(6,4)，(7,3)，(3,7) 分布）的排列总数要远远大于相对不均匀分布（即 (10,0)，(0,10)，(9,1)，(1,9)，(8,2)，(2,8) 分布）的排列总数。可见，粒子数增多时，相对均匀分布出现的概率会迅速增大。

事实上粒子数越多，对称的均匀分布在排列总数中所占的比例就越大。在热力学系统中粒子数为 $6\ 023\times10^{23}$ 量级，这个数比 10 大得不可比拟。因此在热力学系统处于平衡态时，均匀排列的概率完全占了压倒多数，而相对不均匀的排列几乎不存在，完全可以忽略。

把对应于每一宏观分布的排列数 W 称为热力学概率，而又根据热力学概率定义一个叫熵的物理量 $S=k\ln W$，其中 k 为玻耳兹曼常量，$k=1.380\ 7\times10^{-23}$ J/K[1]。

即熵用符号 S 表示，其物理意义是体系混乱程度的度量。统计热力学中熵的大小与体系的微观状态 W 有关[131-135]。

在上面例子中，不同的宏观分布具有不同的热力学概率，而均匀分布对应于最大的热力学概率 W_M，称为最可概然分布，它具有最大的熵 S_M

$$S_M=k\ln W_M \tag{3.7}$$

上述的孤立系统在平衡态时，粒子总是在匣内呈均匀、对称地分布，即平衡分布，它具有最大的热力学概率和熵。

这样孤立系统的演化方向可以用熵的变化来说明。处于非平衡态的孤立系统具有较小的热力学概率和熵，它一定要自发地朝增大熵的方向发展，直到具有最大熵的平衡态，孤立系统的时间箭头就是熵增大的箭头。前面讲过，孤立系统达到平衡态时最无序、最混乱，此时熵也处于最大。因此，熵的大小可以作为系统混乱程度的量度。

3）热力学第二定律及不可逆性

以上从统计概率的考虑出发引入了熵。在物理学史上，熵的概念是克劳修斯直接从热力学第二定律引入的。

人们在生活中司空见惯了一些物理现象，如两温度不均匀的物体热接触，热量就会自发地从高温物体流向低温物体，或摩擦会使功变成热，但相反的自发过程从未见过。

克劳修斯和开尔文通过总结大量事实得出热力学第二定律。它叙述为“热量由低温物体传给高温物体而不产生其他影响是不可能的”（克劳修斯表述）；“从单一热源吸热做功而不产生其他影响是不可能的”（开尔文表述）。这里，“不产生其他影响”的要求强调了过程的自发性。

热力学第二定律的这两个“不可能”，实质上就是断言：热自发地从高温流向低温和单纯地功变热这两个可能的过程都是不可逆的。自然界中有许许多多不可逆过程，这使热力学第二定律有许多表述形式，但各种表述形式都是等效的，这反映了不可逆性具有相同的本质。

4）开放系统的热力学第二定律

位于平衡态的孤立系统具有最大的熵，因为该系统内气体无序且对称。孤立系统在非平衡态时，气体有序且非对称，它具有较小的熵，它会自动地增大熵（$\mathrm{d}S\geqslant0$），发展到平衡态。

$$\mathrm{d}S\geqslant0$$

开放系统不仅内部会产生熵，而且系统与外界环境还会产生熵交换（外界负熵），如果外界输入负熵大于系统内部产生的正熵，那么 $\mathrm{d}S\geqslant0$ 式可能不成立。因此，系统的熵须分成系统内部产生的正熵以及外界输入的负熵。

$$\mathrm{d}S=\mathrm{de}S+\mathrm{di}S \tag{3.8}$$

其中 $\mathrm{de}S$ 叫熵流，它反映了系统与外界之间的熵交换（见图 3.14）。这部分可正、可负，也可为零。而 $\mathrm{di}S$ 则表示系统内部的熵，$\mathrm{di}S\geqslant0$。$\mathrm{d}S=\mathrm{de}S+\mathrm{di}S$ 是热力学第二定理的普遍数学表述。

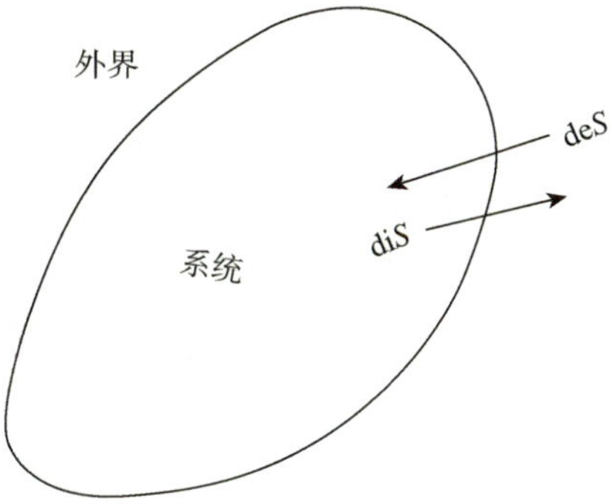

图 3.14　开放系统熵流图

（6）涨落

1）涨落及其作用

压强、温度等参数表示许多分子的统计平均数值，因为分子总是在不停地运动，所以体系在每时的实际数值并不绝对是平均值，多多少少有点偏差，这种偏差就叫涨落，故涨落是任意随机的[136-139]。涨落分为一般涨落和巨涨落。一般涨落相对巨大的热力学系统平均值是非常小的，纵然有时有较大的涨落也会被系统马上吸收掉，系统总趋于平均值，因此一般涨落在宏观上对系统影响不大。巨涨落则不然，巨涨落出现在临界点附近，会使系统产生宏观的影响。一般涨落和巨涨落的区别可用图 3.15 来说明。图 3.15（a）

三菱锥底面△*AOB* 着地，尽管几何体各个面都受到空气分子的无规则碰撞，但凌锥形状很难改变，这些小小的涨落改变不了凌锥的稳定，它们只能自生自灭，不会出现宏观变化。图 3.15（b）情况则大不一样，尽管凌锥仍然处于平衡状态，即系统只要不受任何外力将永久保持现状。由于涨落的存在，如果在某一时刻系统受到涨落的微小合力是朝某一方向，就会使几何体朝该方向倾斜，而一旦小小的倾斜发生，系统在自身重力作用下会继续朝这一方向倾斜，直到达到相应的三角形面着地为止，这种涨落叫巨涨落；巨涨落没有消亡，促使系统达到新的宏观态。

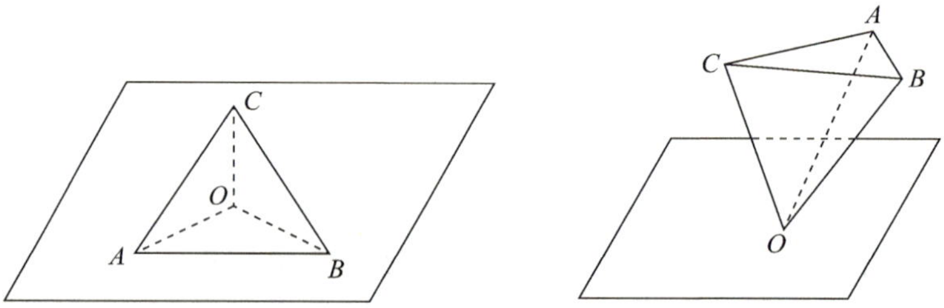

（a）三菱锥面放在桌上　　（b）三菱锥角放在桌上

图 3.15　三菱锥面及锥角放在桌上示意图

2）涨落和进化

类似的情况也发生在非平衡相变中。图 3.16 以树状结构形象地表示，当改变控制参数 T（例如 T 可以是温度）时系统的各种分叉行为。如果要问把温度从 T_A变到 T_B，系统的最终状态在哪里？那么谁也无法回答这个问题。因为答案将依赖于改变温度的方式，以及完全偶然的涨落因素。当正在缓慢减小的温度越过临界点 T_1 时，原热力学分支失稳。这时系统朝上、下两个分支走的可能性各占 50%（假定分叉处均具有良好的对称性）。系统究竟是朝上还是朝下，从而使某一枝变成 100% 的现象，这完全由涨落决定。而涨落是完全无法控制的。然而一旦系统跳到某一枝上（如上枝），这时系统状

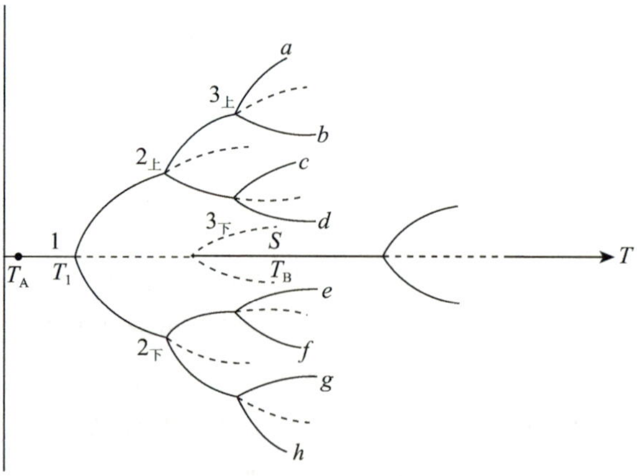

图 3.16　分叉树

态又重新变得稳定。小的涨落不再能对新结构产生影响。这就是说最初偶然朝上的涨落被放大并选择成为新的有序态，而下半枝以及由它分叉出的整个枝丛永远失去了机会，它们再也不会变成系统的实际态了。尽管在分叉开始时，下枝干与上枝干一样也有50%的可能性。然而由于一个小小的涨落，这种机会就丧失殆尽了，真是差之毫厘，失之千里。继续降低温度又会发生第二级、第三级分叉，重复上述的涨落选择和放大行为。所以当温度从 T_A 缓慢降低到 T_B，曾可能出现 $a \sim h$ 八个态，然而最后只有其中一个态能真正成为现实。这个现实的态正是在各次分叉过程中被各次涨落所偶然挑选出来的。

在整个分叉树上，现实分枝的选择不仅依赖于涨落，也依赖于控制参数的改变方式。如果从 T_A 出发突然把温度降低到 T_B，由于温度改变很快，系统还来不及发生变化而序参量仍然留在原分支附近。以这种方式降温，在 T_B 所选择的分支正是原来的分支（失稳后又重新稳定的分支，见图 3.16 分枝 s）。而在缓慢改变温度时，这个分枝是绝对不能实现的。

普利高津提出“涨落导致有序”的论断，它确切地说明：在非平衡系统具有了形成有序结构的客观条件后，涨落对实现某种序所起的决定作用。

3.1.2　自组织现象

第 1 个发现自组织现象是法国科学家贝纳德，随后其他科学家又发现激光等其他自组织现象[140-141]。

（1）贝纳德对流

对流的第一个著名实验是法国的贝纳德在博士论文中利用流体完成的[142-143]。一层流体，上下各有一个很大的恒温源板接触，见图 3.17 所示。

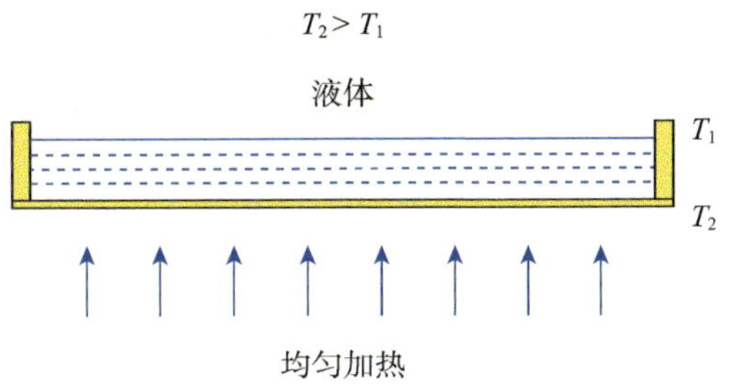

图 3.17　实验装置图

在自然状态下，流体为平衡态，当升高下板温度，流体内存在温度差，即下高上低，流体处于非平衡态。由于温度梯度的存在，热量在流体中不断传递，然而只要温差不大，整个流体仍处在宏观上的静止状态。若加大两板温差，整个流体逐渐处于远离平衡态，当温差增大到超过某一阈值时，整个流体将出现对流状态，突破了原来的静止状态，如图 3.18、图 3.19 所示。图 3.18 所示的是竖截剖面上所观察到的对流线；图 3.19 则是对流状态的俯视图，从中可见到规则的正六边形的对流格子。

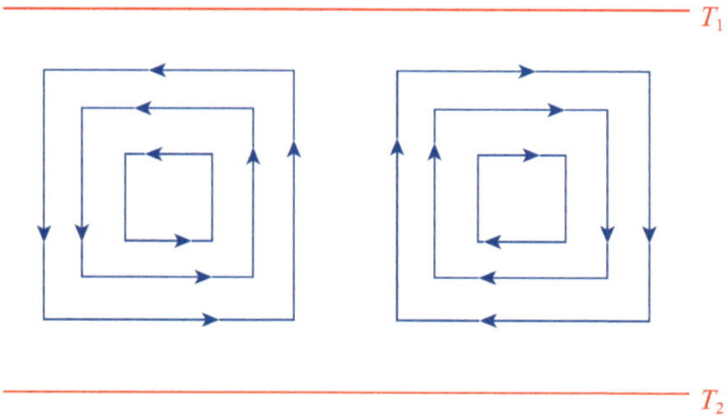

图 3.18　对流剖面图“蛋卷”式对流图
（箭头指示了液体的宏观流动）

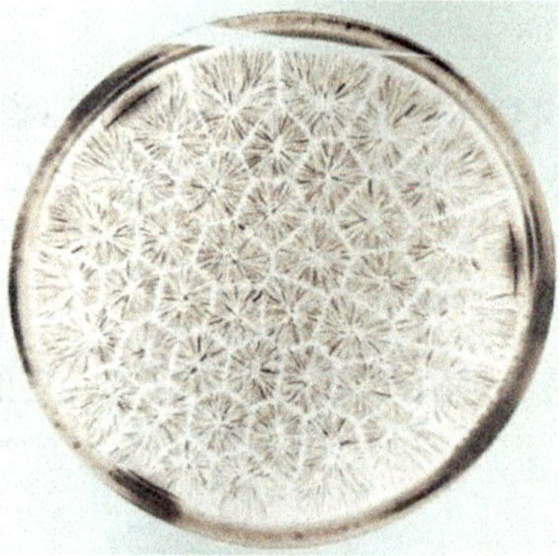

图 3.19　对流俯视图

在热传导状态下，液体分子在各个方向上作杂乱的热运动，通过无规则的碰撞传递能量。而在对流状态下，千千万万个分子被组织起来参加了统一的运动，它们在图 3.18 的箭头方向上作宏观运动，能量正是通过这种宏观对流得到更有效传递。在这种流动中，液体在空间的对称性被打破了，整齐的组织在无序的热运动中产生出来。

热传导是通过流体分子在各个方向上做无规则运动传递能力。但是对流是通过千万个流体分子统一行动，形成了宏观对流自组织现象，整齐的组织在无序的热运动中产生出来，使能量得到更快速的传递。

（2）激光现象

激光是在非平衡条件下出现的典型的协作现象。为了进一步研究激光，先简要介绍原子发光的基本知识。

1）原子发光

由量子力学知道，物质的原子可以处于不同能级。当原子在不同能级之间上、下跃迁时，可以吸收或辐射光子。图 3.20 示意了一个二能级原子，其可能能级为 E_1 和 E_2（$E_1>E_2$）。高能级 E_1 叫激发态，低能级 E_2 叫基态。处于激发态上的原子叫活性原子。在外界光场作用下原子可以从低能级跳到高能级，同时吸收能量为 E_1-E_2 的光子。而

频率为 $\nu=(E_1-E_2)/h$ 的光子正具有这样的能量，这里 h 为普朗克常数。相反，如果原子初始处于高能级 E_1，它可以自发地从高能级跃迁到低能级而放出同样频率 $\nu=(E_1-E_2)/h$ 的光子。这个过程叫自发辐射（图 3.21）。一个频率为 $\nu=(E_1-E_2)/h$ 的光子打入一个处于激发态的活性原子上，也会激发原子从高能级向低能级跃迁；同时，发出两个频率为 ν 的光子。这个过程叫受激辐射过程。受激辐射过程十分类似于化学的自催化反应和电子线路中的正反馈（见图 3.22）。由于系统发射出的光可以在可见光的频率范围，也有可能是不可见的光。所以，笼统地把整个光场称为辐射。

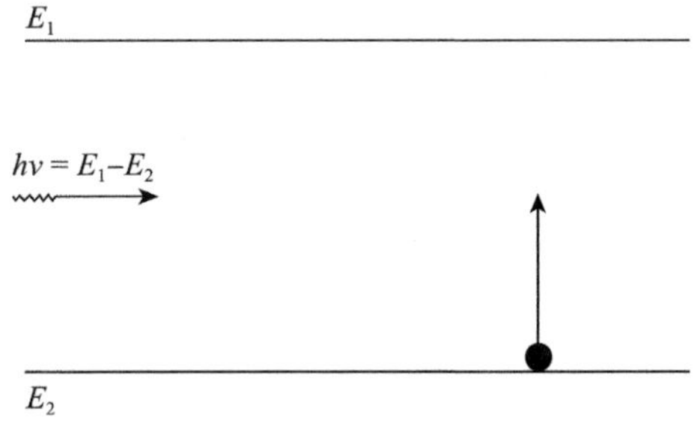

图 3.20　受激跃迁：在外界光场作用下原子从低能级 E_2 跃上高能级 E_1，并吸收一个频率为 $\nu=(E_1-E_2)/h$ 的光子

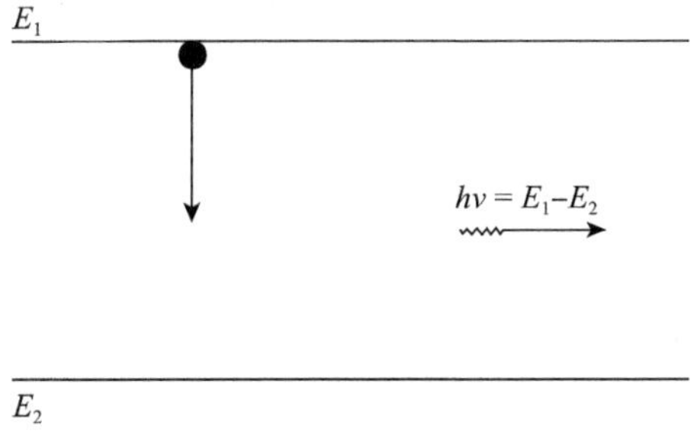

图 3.21　自发辐射：原子自发地从高能级 E_1 跃迁到低能级 E_2，并放出频率 $\nu=(E_1-E_2)/h$ 的光子

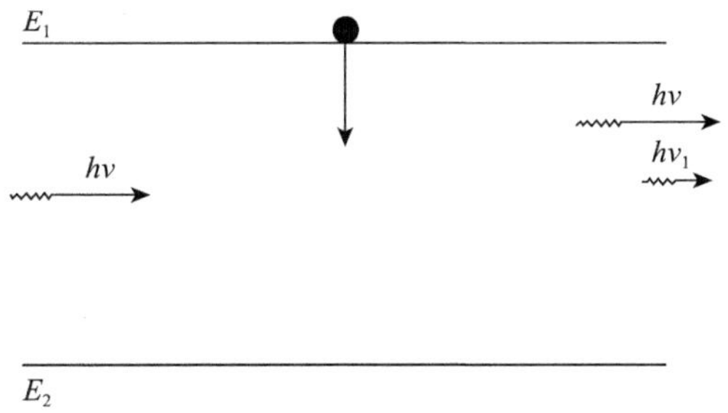

图 3.22　受激辐射：在频率为 $\nu=(E_1-E_2)/h$ 的光子激发下，原子从高能级跳到低能级，并放出两个光子

在众多原子组成的宏观系统中，总是有些原子处于激发态，而有些原子处于基态。在通常情况下，处于激发态的原子要比处于基态的原子少得多。统计物理学的计算告诉大家，在温度为 t（摄氏温度）下，处于高能级 E_1 的原子数与处于低能级 E_2 的原子数之比是 $e^{(E_2-E_1)/kT}$，式中 T 是热力学温度，近似等于 $273+t$，而 k 是玻耳兹曼常数 $k=1.380\ 66\times10^{-16}$尔格/度。在常温常压下 $E_1-E_2\gg kT$，所以 $e^{(E_2-E_1)/kT}$很小，系统中绝大多数原子处于基态。这样，绝大多数原子只能吸收光子进行受激跃迁，而通过自发辐射或受激辐射放出光子的原子数则很少。当光场与原子达到平衡时，光的强度很弱。就是这少量的处于激发态的活性原子，也是各自独立的发射光波。这些弱光，没有一致的位相和方向，经常又互相抵消，变得更弱。所以可以认为，这些自然光的光强近似于零。图 3.23 示意了在温度为 $T=273+t$ 时的平衡态，以及原子在上、下两能级的布居情况。

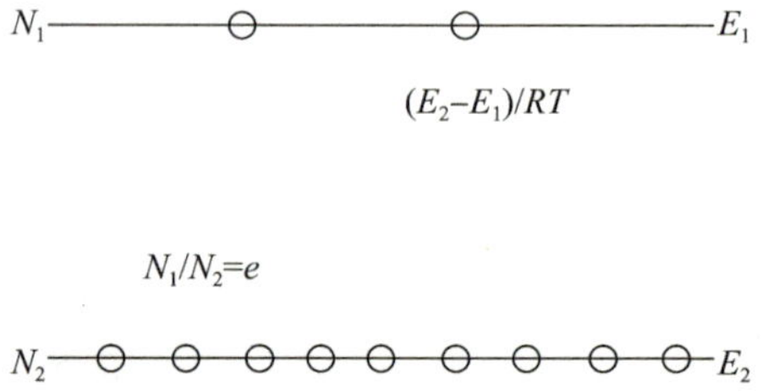

图 3.23　在温度为 T 的平衡态：处于激发态的原子只占原子总数极小的一部分

2）激光

可以用一些物理方法强迫原子系统离开，直至远离平衡态。例如，在红宝石激光器中用光照射红宝石；或在半导体激光器中，使半导体两端形成适当的电压。利用这些手段可以不断地把基态的粒子激发到高能态上去，这个过程类似于事先用水泵把水抽上水塔，所以人们把这类操作叫作光泵。利用光泵可以使原子系统布居在激发态上的粒子数大于常温 t 时的正常粒子数。换句话说，光泵使系统偏离了平衡态。光泵强度越强，这种偏离程度就越大。但只要保持基态粒子数大于激发态粒子数，原子的发光过程始终是杂乱无章的，这时辐射场的强度总是很微弱的。

但一旦光泵强度超过了一个阈值，使布居在激发态的原子数大于布居在基态的原子数——物理上把这种上大下小的布居叫原子数反转，形势就会发生急剧变化。这时，受激辐射占了支配地位。初始十分微弱的辐射场，被处于激发态的原子逐次放大，产生了位相一致、方向一致、相干性极好、强度很大的辐射场（见图 3.24）。这种辐射叫作激光。激光的产生是由于千千万万个小原子在原子布居反转的非平衡条件下，由受激辐射相互协同、组织的结果。如将半导体材料放入半导体激光器中，在通常情况下，半导体的各个活性原子无规则地独立发出光波，光波存在相互干扰和抵消，发出的光不强，见图 3.25（a）所示，这就是通常的自然光。当半导体两端加上电压时（利用光泵浦），随着泵功率不断增大，半导体材料先是经过自然光，然后半导体的每个活性原子以相同的频率和相位往一个方向发光，如图 3.25（b）所示，这便是活性原子协同自组织现象，这种自组织使得光方向性一致，因此被称为最快的刀[144-145]。下面，通过一个数学模型来说明这种通过非平衡相变进入自组织状态的分叉过程。

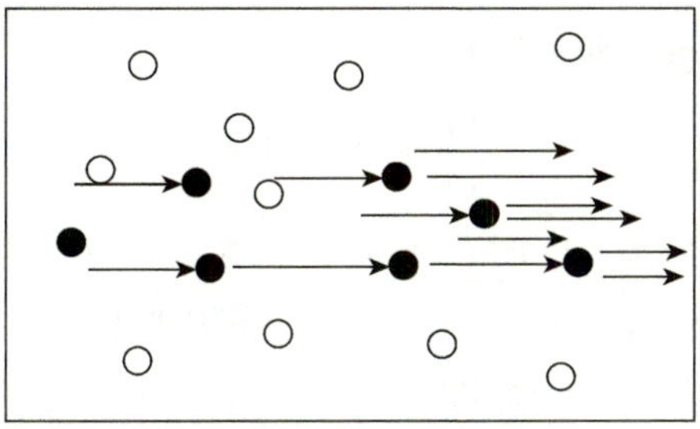

图 3.24　原子布居数反转，被受激辐射放大的光场具有相同的位相和方向

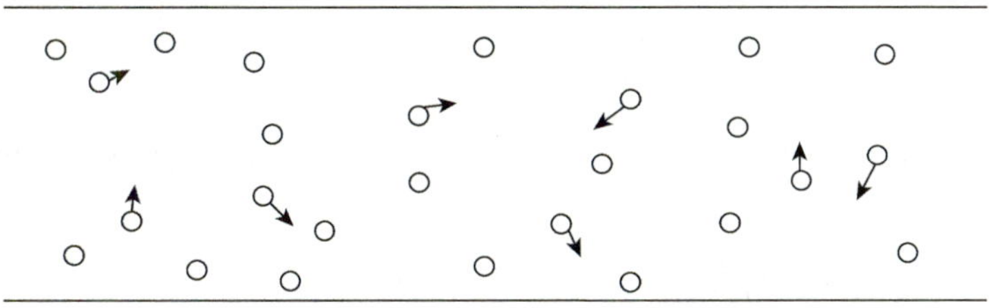

（a）半导体材料中少量活性原子彼此独立地发出自然光

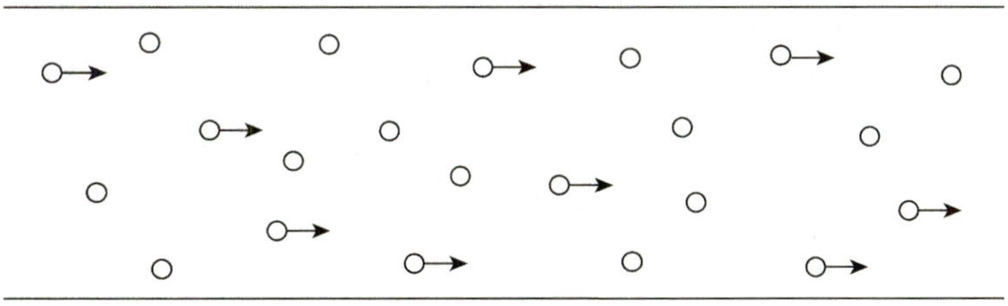

（b）每个活性原子以相同的频率和相位往一个方向发光

图 3.25　激光形成示意图

3）激光中的稳定性和分叉问题

首先，选定光强为序参量。光强的确是描述系统原子间协作强弱和有序程度的很合适的量。在原子无序地发射和吸收光子时，光强极弱，$I \approx 0$；当受激辐射占主导地位时，原子辐射互相协同，光强才显著增强，这时 $I \neq 0$。

选定了 I 为序参量后还要考虑 I 随时间的变化率 $\frac{\mathrm{d}I}{\mathrm{d}t}$ 与哪些因素有关。

①受激辐射会增加光强，而受激辐射强度本身又正比于入射光强度，把它表示为 DI。

系数 D 表示原子系数对入射光作受激辐射的能力。显然它与原子在激发态的布居

数 N_1 有关，增加活性原子数可以提高 D 的值。

②受激跃迁要吸收光子，导致光强 I 的减小，并引起负的 $\frac{dI}{dt}$ 它显然也与光强 I 成正比，表示为 $-A_cI$，系数 A_c 中包括了受激跃迁，也考虑到其他损耗光强的因素。

结合这两个因素，光强的演化方程可以写成

$$\frac{dI}{dt} = DI - A_cI \tag{3.9}$$

由于这是线性方程，当 $D>A_c$ 时，光强可增大到无穷。这在物理上是不可能实现的，产生这个矛盾的原因是式（3.1）没有考虑到物理上一个极为重要的因素——饱和效应。由于布居在激发态上的原子数即使在反转条件下也是有限的，当光强十分强时，许多光子已不再有机会与原子作用产生受激辐射，这时受激辐射的增益不再与 I 成正比增加，这种效应叫饱和效应。饱和效应引起的光强的损失与光强 I 之间具有非线性关系。考虑最简单的非线性项 $-\beta I^2$，方程（3.9）就变成

$$\frac{dI}{dt} = (D - A_c)I - \beta I^2 \tag{3.10}$$

这就是最常见的激光光强方程。这里的 3 个系数 D、A_c 和 β 分别叫增益系数、损耗系数和饱和系数。

方程（3.10）的定态解有两个

$$I_1 = 0,\ I_2 = (D - A_c)/\beta \tag{3.11}$$

当原子和辐射系统处于平衡态和近平衡态时，激发态的原子布居数小于基态布居数，表现为 $D < A_c$ 这时 $I_2<0$，由于光强不能是负值，这个解没有物理意义。所以方程仅有 $I=0$ 的热力学分支的非激光解。根据线性稳定性分析可知，这个无序态是稳定的。

逐步增加光泵强度，使布居在激发态的原子数增加从而增大了 D。当光泵强到足以使原子布居发生反转时，增益系数 D 越过了它的临界值，即 $D>A_c$ 这时方程（3.10）的非零定态解 I_2 变成了正值，且具有物理意义。所以在 $D>A_c$ 时，出现了两个定态解并存的现象。问题是：这两个解的稳定情况如何呢？

根据线性稳定性分析可以得出，这时 $I=0$ 的热力学分支解已经不稳定了。而 $I_2 = (D - A_c)/\beta$ 的激光解反而成了稳定的解。

这样可以看到，控制光泵强度，增加 D，到一定程度（$D>A_c$）热力学分支解便会失稳；而离开热力学分支解的系统显然会自发地演化到有序的耗散结构分支上去。突变点 $D=A_c$ 正是分叉点。

定态解随 D 的变化情况可见图 3.26 中实线代表稳定定态解，而虚线代表不稳定定态解。在 $D<A_c$ 时，图中只标记了一个 $I=0$ 的稳定解。这时，$I_2<0$ 没有标出。当 $D>A_c$ 时，$I_1=0$ 失稳而 I_2 成了稳定解。这样，在增加 D，从而通过 A_c 时，解的函数曲线的导数产生了突变，即所谓相变。但在相变中，在 $D=A_c$ 处，解 I 本身是连续地从 $I_1=0$ 变化到 $I_2 = (D - A_c)/\beta$ 所以这个相变过程又叫连续相变。

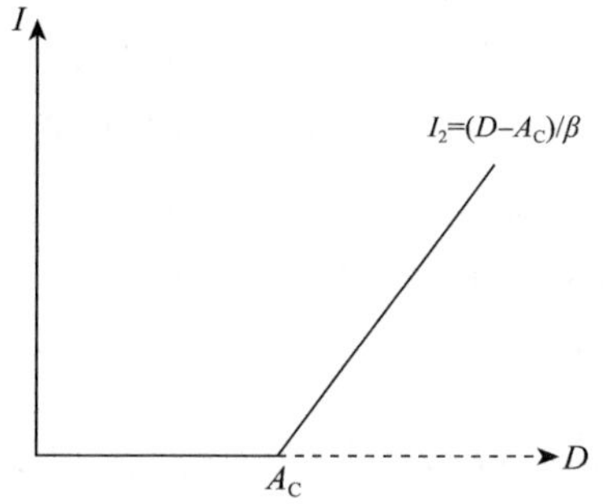

图 3.26 序参量的值随增益系数的变化，
实线代表稳定解，而虚线代表不稳定解

激光是非平衡系统自组织的一个实例。激光可以达到极高的强度，并把巨大能量集中于极小范围，这个特点在军事上大有用处；激光的极好的方向性可以用于测量；医学上激光已进入临床；新一代的光学计算机，以及光导纤维通信等，都是因为有了激光才成为可能。可以预言，在新的科学技术革命中，激光将起极为重要的作用。

（3）化学振荡

化学振荡及化学反应中出现的空间有序结构，是耗散结构理论中最典型、并得到最深入研究的事例之一。实际的化学反应是极为复杂的，很多反应的基元过程的机理至今还是争论不休的问题。为了从理论上更好地认识形成耗散结构的可能性及其原理，普利高津及其合作者勒费尔（Lefever）提出了一个在数学上便于处理的反应模型——常被称作布鲁塞尔器（Brusselator）。这个反应模型比实际过程简单得不可比拟，然而它却可以说明在实验中真正观察到的化学振荡、空间花纹及化学波等各种自组织现象。本节将集中地通过研究布鲁塞尔器来分析耗散结构在化学反应中的表现。

1）布鲁塞尔器

布鲁塞尔器的化学反应模式是

$$\begin{gathered}\mathrm{A}\xrightarrow{k1}\mathrm{X}\\ \mathrm{B+X}\xrightarrow{k2}\mathrm{Y=D}\\ \mathrm{2X=Y}\xrightarrow{k3}\mathrm{3X}\\ \mathrm{X}\xrightarrow{k4}\mathrm{E}\end{gathered}\tag{3.12}$$

其中反应物 A、B 尽管在反应中不断消耗，但由于不断得到外界补充，其浓度在反应中保持不变。而 D、E 一经生成，即刻取走，只有 X 和 Y 是反应过程中浓度可以变化的组合。四组反应都与 X 有关，第二和第四组反应使 X 减少，而第一、第三组反应使 X 增加。特别值得强调的是第三组反应，它有两个显著特点。首先，X 既是反应物，又是生成物，虽然它本身参加反应，但反应完毕后其分子数反而增加了，这种反应叫作自催化反应。现在已经清楚，自催化反应的存在是化学反应中出现耗散结构的必要条件。

它的第二个特点是有 3 个变量分子同时参加一个反应。这个反应在单位时间内产生出 X 分子的速率正比于 x^2y，这是一个非线性函数，而且这是（3.12）四个反应式中唯一给出非线性的因素。一个反应式同时单独肩负了两项如此重要的使命，这是布鲁塞尔器反应式的一大特点，因此布鲁塞尔器又被称作“三分子反应”。只有第二和第三两个反应与 Y 组分有关。前者导致它的增加，后者促使它的减少。这样，整个反应（3.12）的动力学方程便是双变量的微分方程组

$$\begin{cases}\dfrac{dx}{dt} = k_1A - k_2Bx + k_3x^2y - k_4x \\ \dfrac{dy}{dt} = k_2Bx - k_3x^2y\end{cases}$$

式中 A、B、x 和 y 分别为 A、B、X、Y 4 种组分的浓度。适当选择组分和时间单位重新标度，使 $k_1=k_2=k_3=k_4=1$ 上述动力学方程组可简化为

$$\begin{cases}\dfrac{dx}{dl} = A - Bx + x^2y - x \\ \dfrac{dy}{dt} = Bx - x^2y\end{cases} \tag{3.13}$$

一个好的物理、化学模型在于它能充分概括实际物理、化学过程的本质因素，既能表现出人们感兴趣的主要物理、化学现象，又具有简单的数学形式而易于被剖析和计算。布鲁塞尔器正是兼有这样两种特点。

2）稳定性和化学振荡

动力学方程（3.13）的定态方程组

$$\begin{cases}A - Bx + x^2y - x = 0 \\ Bx - x^2y = 0\end{cases}$$

的解是

$$x_0 = A,\ y_0 = B/A \tag{3.14}$$

这里要说明的是在反应动力学方程中 x 和 y 本身不能直接反应有序程度，不是序参量。非零的 x 和 y 只是表明在容器中存在 X 和 Y 的化学组分。这里，表现分子之间的协作和自组织的是化学振荡；而序参量的强度，正是由化学振荡的强度来表示的。均匀的定态解（3.14）给出的是无序的热力学分支解。现在的任务是要分析这个定态解的稳定性，并研究在什么条件下这个热力学分支会失去稳定而被化学振荡的有序状态所取代。

在定态解（x_0，y_0）附近进行线性稳定性分析。

令

$$x = x_0 + \Delta x$$
$$y = y_0 + \Delta y$$

方程（3.13）可线性化为

$$\frac{d\Delta x}{dt} = (B - 1)\Delta x + A^2\Delta y$$

$$\frac{d\Delta y}{dt} = - B\Delta x - A^2\Delta y \tag{3.15}$$

在导出（3.15）时用了

$$f_1(x,y) = A - Bx + x^2y - x$$

$$f_2(x,y) = Bx - x^2y$$

$$f_{1x}(x_0,y_0) = B - 1,\ f_{1y}(x_0,y_0) = A^2$$

$$f_2x(x_0,y_0) = - B,\ f_{2y}(x_0,y_0) = - A^2$$

由此，线性化的微分方程（3.15）的特征方程为

$$\lambda^2 - \omega\lambda + T = 0$$

$$\omega = B - 1 - A^2$$

$$T = A^2 > 0 \tag{3.16}$$

定态解（x_0，y_0）的稳定性完全取决于 ω 和 T 的关系（即 A 和 B 的关系）。当$B<1=A^2$ 时，特征方程具有两个负实部的共轭复根，所以 Δx、Δy 将随时间趋于零，即（x、y）将趋于不动点（x_0，y_0），均匀的无序定态解是稳定的。

而当 $B>1+A^2$ 时，特征方程的根变为两个具有正实部的共轭复根。这时，尽管热力学分支解（x_0，y_0）仍然存在，但它已不再稳定。任何对（x_0，y_0）的微小偏离都会使反应系统以旋转的形式越来越远离这个定态（见图 3.27）。

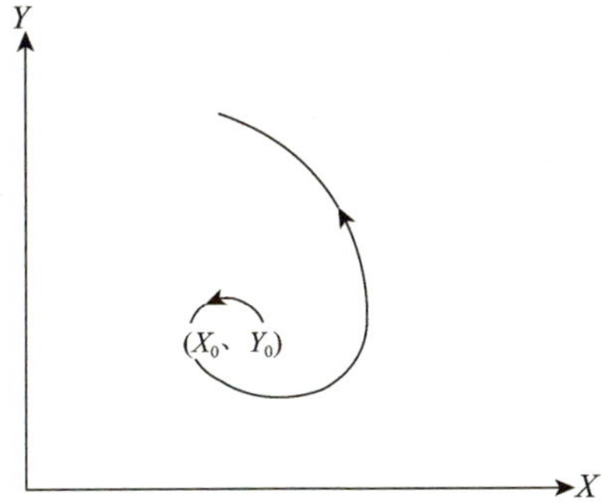

图 3.27　$B > 1 + A^2$，(x_0,y_0) 为不稳定焦点

当热力学分支失去稳定后，反应系统的最终结局将如何呢？这个问题的数学处理要麻烦得多，在这里不进一步深入讨论数学的细节，而仅仅定性地描述其演化结果。

由于非线性项 x^2y 的存在，Δx 和 Δy 不可能无限地增长下去，它最终会被限制在一定范围内。但由于（3.13）的定态方程仅有一组定态解（3.14），它失稳后系统再也不会进入任何一个新的稳定定态，而只能进入一个随时间周期变化的状态。图 3.28 示意了这一新的状态。

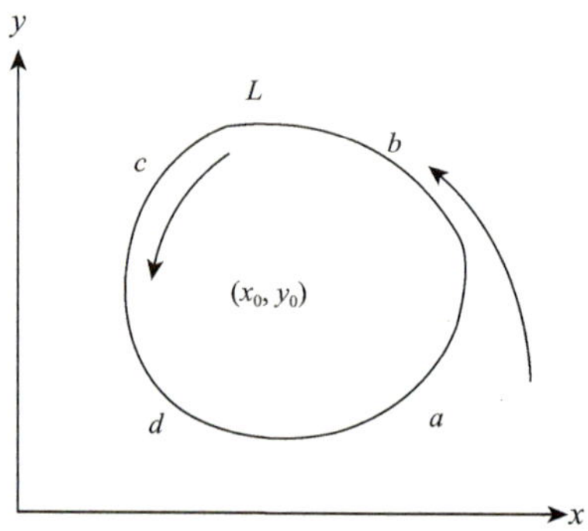

图 3.28　$B > 1 + A^2$，封闭环 L 表示一个稳定的极限环，在环 (x, y) 浓度随时间周期变化，环内和环外的动点都要向极限环靠拢

随着 $t \to \infty$，在图 3.28 环 L 内和环 L 外的代表系统状态的点都要朝 L 环靠拢。而一旦系统 X、Y 组分的浓度处于 L 环所表示的值上，它们将沿 L 环作周期变化，而再也不会离开这个环。所以 L 环又叫极限环。

在极限环的不同位置上，X、Y 就有不同的浓度。例如，在 a 点 X 具有高浓度 Y 具有低浓度，而在 c 点则相反；在 d 点 X、Y 的浓度都很低，而 b 点 X、Y 又有了较高的浓度值。随着时间不同，系统处于极限环的不同点上，X、Y 浓度 x，y 的变化是有规律的；而过了一个周期后，系统沿极限环转了一圈又回到原处，周而复始地重新开始同样的变化过程。

尽管把组分 A 和 B 控制为常数，外部条件不存在使容器内 X 和 Y 组分时多时少的振荡因素。然而，容器内的无数小分子却在确定的时间内有规律地增多或减少某种成分。这正是一种自组织现象，而 $B_c > 1 + A^2$ 为从热力学分支到耗散结构分支的分叉点。如图 3.29 所示，在 $B < B_c$ 时，热力学分支稳定；而 $B > B_c$ 时，则出现耗散结构分支并保持稳定。

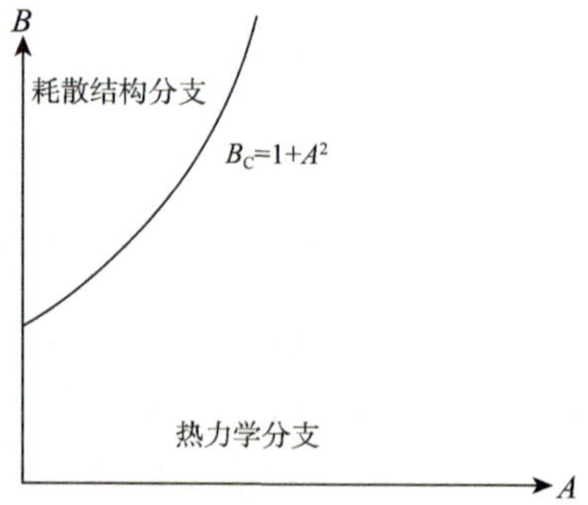

图 3.29　在控制参数 A–B 平面上，不同分支的部位

3）扩散和空间花样

在上述讨论中，只考虑容器内各组分浓度随时间的变化，认为容器内各不同位置的

x、y 浓度总是均匀的，这就不需要考虑扩散问题。但实际上，容器内各不同的空间位置会有不同浓度，事实上只有这种浓度的不均匀才会形成另一种重要的耗散结构形式——空间花样。所以，必须研究扩散。在研究这个问题时，首先应解反应扩散方程。所谓反应扩散方程，就是同时考虑扩散和化学反应的方程。对反应扩散方程人们已做了大量研究工作，这里将采用一个简单的模型，既同时考虑到化学反应和扩散两个因素，又避免具体解扩散方程的困难，这就是双匣扩散的化学反应模型。

整个容器可分为 1 和 2 两半（见图 3.30），在每一半内 X、Y 的浓度各自均匀。而 1 和 2 两个半匣的浓度相互可以不等。它们中浓度高的半匣内化学组分会向浓度低的半匣扩散。

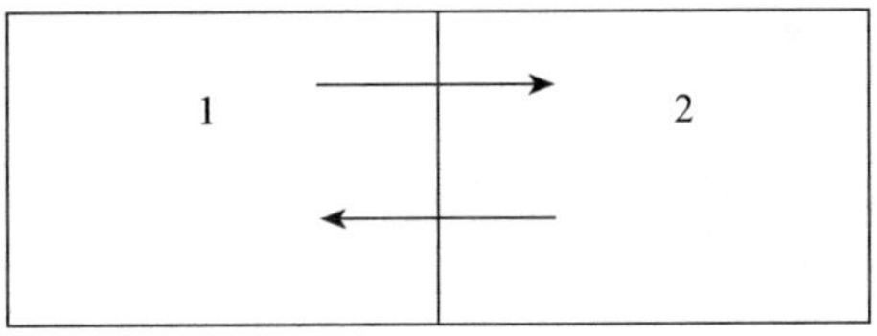

图 3.30　双匣扩散模型

（左、右匣内浓度各自均匀，但两匣间存在扩散）

扩散强度显然与两匣之间浓度差成正比。假设 X 和 Y 扩散的比例系数分别为 D_x 和 D_y，又假定匣$_1$ 和匣$_2$ 内 X 和 Y 的浓度分别为 x_1、y_1 和 x_2、y_2，在两匣内各个组分的反应扩散方程分别是

$$\frac{dx_1}{dt} = A - Bx_1 + x_1^2 y_1 - x_1 - D_x(x_1 - x_2)$$

$$\frac{dy_1}{dt} = Bx_1 - x_1^2 y_1 - D_y(y_1 - y_2)$$

$$\frac{dx_2}{dt} = A - Bx_3 + x_2^2 y_2 - x_2 - D_x(x_2 - x_1)$$

$$\frac{dy_2}{dt} = Bx_2 - x_2^2 y_2 - D_x(y_2 - y_1) \tag{3.17}$$

每个匣内的化学反应仍然认为是三分子反应（3.12）。（3.17）中每个方程的最后一项，都是由扩散引起的修正项。当 $D_x = D_y = 0$ 时，上述方程又回到各自独立的均匀系统的三分子反应方程。

方程（3.9）的一个明显的定态解是

$$x_1 = x_2 = A, \quad y_1 = y_2 = B/A \tag{3.18}$$

这个解具有很好的时间和空间的均匀性（无序）。然而，这个均匀解不一定是稳定的。对方程（3.17）解的稳定性分析，要比均匀系统的方程（3.13）困难得多，但仍可以应用解析的方法加以讨论。这里，采用更方便、更直观的方法，给出对（3.17）进行计算机分析的一些数值结果。

图 3. 31 适当选取了 D_x 和 A，在 B 和 D_y 的参数平面上划分出具有不同性质稳定解的区域。在区域 1 中，定态解（3. 17）是稳定的。这时，系统处于均匀的热力学分支上。而在区域 2、3 和 5，人们发现各匣内的浓度随时间呈周期性变化，即出现化学振荡。有趣的是在区域 4，系统进入到一个新的稳定定态，在这个定态上 $x_1 \neq x_2$，$y_1 \neq y_2$。

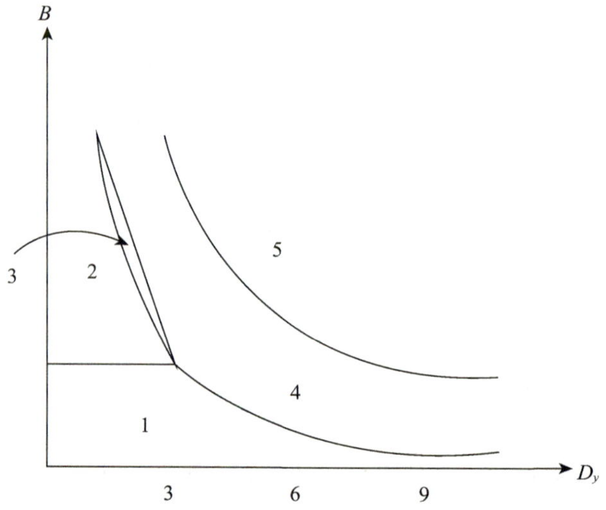

图 3. 31　在 B-D_y 参数平面上，具有不同性质解的区域划分

从这个定态上可以看到，在空间不同的位置上（左、右两半匣上）x 和 y 的值不再相等。在外加的控制条件中左、右两半匣内 A 和 B 的值都是一样的。这就是说，左、右两半匣的空间对称性破缺并不是来源于外部条件，而是来自系统内部。这种空间结构是由系统在非平衡条件下自组织起来的。

图 3. 32 示意了计算机在 4 区内数值计数的结果。让左右两匣内 X 和 Y 的浓度都从定态解 $x_1 = x_2 = A$，$y_1 = y_2 = B/A$ 开始。在 $t = 0$ 时，在其中一个匣子（如在匣 1 内）给 y 组分加上一小小的微扰。这以后不仅 y_1 的值不会再回到原来的定态 $y_1 = B/A$，而且它还会牵动 y_2、x_1 和 x_2 都相继离开原有的定态解。随着时间的推移，系统将发展到图 3. 32 所示的新的定态。在这定态中，右匣内 X 组分的浓度大于左匣，而 Y 组分浓度则是左匣大于右匣。这种浓度从均匀分布自发趋向不均匀地发展，表现了在非平衡条件下自发产生的序、组织和功能。

当然用两个匣子来代替扩散是一种十分粗糙的近似，它和原反应扩散系统相距甚远。在真实的系统中，各组分浓度在容器内呈连续变化。例如，三分子反应模型的反应扩散方程是

$$\frac{\partial x}{\partial t} = A + x^2 y - (B + 1)x + D_x \frac{\partial^2 x}{\partial r^2}$$

$$\frac{\partial y}{\partial t} = Bx - x^2 y + D_y \frac{\partial^2 y}{\partial r^2}$$

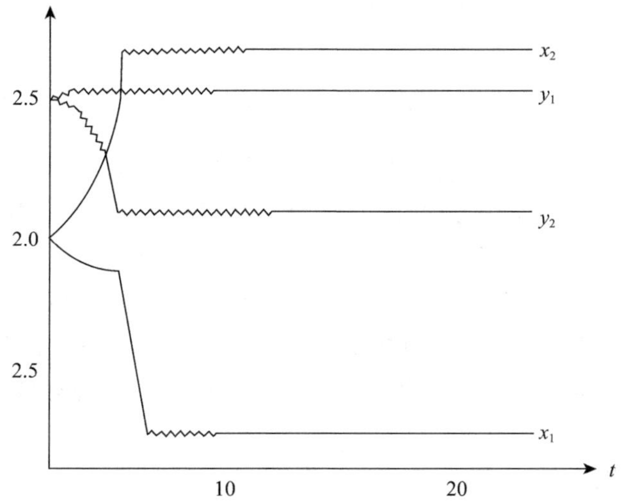

图 3. 32 在图 3. 31 的 4 区内对方程（3. 17）进行数值计算的结果

这里，浓度 x 和 y 同时是时间 t 和空间位置 γ 的函数。这个偏微分方程的处理更为复杂。数学处理和数值计算表明，这个方程的确给出了时间振荡、空间花样和时空结构模型。

4）B-Z 反应及化学振荡

三分子模型是一种极为简化的反映，它与真实反应的差距很大，但这个模型提出了在化学反应中出现耗散结构的若干要素，如各组分之间的耦合、自催化过程、非线性项的存在等。它们在实际反应中，也都具有普遍意义。

表现出化学振荡的大部分化学反应的动力学过程十分复杂，许多问题至今也没搞清。相对来说，B-Z 反应的研究算是进行得比较充分的。根据诺伊斯（Noyes）的解释，其主要反应过程可归纳为以下五步：

$$Br^- + BrO_3^- + 2H^+ - \longrightarrow HBrO_2 + HOBr$$

$$Br^- + HBrO_2 + H^+ \longrightarrow 2HOBr$$

$$2Ce^{3+} + BrO_3^- + HBrO_2 + 3H^+ \longrightarrow 2Ce^{4+} + H_2O + 2HBrO_2$$

$$2HBrO_2 \longrightarrow HOBr + BrO_3^- + H^+$$

$$2Ce^{4+} + BrCH\ (COOH)_2 + 2H_2O \longrightarrow 4Ce^{3+} + HCOOH + 2CO_2 + 5H^+ + Br^-$$

其中，仅有 Br^-，Ce^{4+}和 $HBrO_2$ 在反应过程中发生显著变化。着重分析这 3 个量的变化。为此令

$$X = HBrO_2,\quad Y = Br^-,\quad Z = Ce^{4+}$$

上述反应可用下列模型来表示

$$A + Y \xrightarrow{k1} X + P \tag{3.19}$$

$$X + Y \xrightarrow{k2} 2P \tag{3.20}$$

$$A+X \xrightarrow{k3} 2X+2Z \tag{3.21}$$

$$2X \xrightarrow{k4} D \tag{3.22}$$

$$Z \xrightarrow{k5} hY \tag{3.23}$$

这里，h 是一个四价铈离子能再生溴离子的个数，k_1 - k_5 为反应速率常数。在这组反应中，既存在自催化过程（方程（3.21）），又存在交叉催化过程（方程（3.19）、方程（3.21）、方程（3.23）中 Y 产生 X，X 产生 Z，Z 反过来又产生 Y）。同时，这组化学反应也是相互耦合的非线性（反应式（3.20）和式（3.22））、多变量的反应过程。对这组反应进行的讨论和计算机模拟表明，它能产生出化学振荡现象（化学钟）、空间浓度分布花样（空间结构）和化学波（时空结构）等各种耗散结构，这与实验的观察一致。

（4）其他自组织现象

在一般情况下，云团的运动是杂乱无章的，是无序的运动。但在一定条件下，平常无规则的云团突然会像步兵排队一样，形成整齐的“队列”，形成有序结构，如图 3.33 所示。

图 3.33　云团有序结构图

奇特的自组织“海马”分形生成。中国科学院物理研究所纳米物理与器件实验室在自组织生长用于超高密度信息存储的 C60-TCNQ 有机复合薄膜中第一次发现了一种奇特的反对称“海马”构型，见图 3.34 所示。在提出了电场-电荷效应在“海马-反对称”生长中的重要作用之后，对海马的反对称枝杈生长成形及其在电场作用下的自组织生长机制进行了计算模拟，给出了一种非常有趣的关于自组织结构及其成因的物理解释。

自组织特征是以上系统的组织行为中最为关键的特征。贝纳德流体系统尽管受到外界能量，致使热流在流体中传递，但是外界能量并没有迫使流体作统一的“蛋卷”式的对流，形成了宏观对流自组织现象，整齐的组织在无序的热运动中产生出来，使能量

图 3.34 反对称“海马”图

得到更快速的传递。贝纳德对流、激光等自组织现象表明在物理、化学等系统存在低级运动向高级运动的进化，与生物、社会等系统没有矛盾。

耗散结构理论的提出者普利高津称这些自组织为耗散结构，因为要保持自组织需不断地消耗外界能量。普利高津梳理了这些自组织现象，给出了耗散结构的定义，探索了耗散结构形成的条件。

3.1.3 耗散结构的形成条件

从无序的热力学分支进入耗散结构分支是通过自发的对称性破缺而实现的，这种对称性破缺在以下条件下才有可能发生，其中开放系统、非线性关系、远离平衡态及涨落是必要条件[146-148]。

(1) 开放系统

从热力学第二定律可知，一个孤立系统的熵总是会增大，最后达到最大值，进入最无序的平衡态，因此，耗散结构不会出现在孤立系统中。即使原来的系统存在耗散结构，一旦把系统孤立起来，这个结构就要瓦解。例如，化学反应出现振荡行为后将系统孤立起来，这种振荡就会很快停止；在贝纳德对流中，上、下两板的温度导致了液体系统不断与高、低温热源交换能量，只要中断这种交换，对流也会随之停止；在激光系统中，外加的光泵是开放系统的代表，系统靠自己的内部力量是绝不能形成原子布居的反转，即不可能产生激光的。

那么开放系统为什么会出现本质上不同于孤立系统的行为呢？原因在于开放系统能获得外界环境的负熵 $\mathrm{de}S$，因此开放系统绝不同于孤立系统。开放系统的熵 $\mathrm{d}S$ 包括两部分，一部分是系统内部的熵增 $\mathrm{di}S$，另一部分是外界环境输入的负熵，即

$$\mathrm{d}S=\mathrm{de}S+\mathrm{di}S$$

热力学第二定理只要求熵产生非负，$\mathrm{di}S \geqslant 0$，然而对外界给系统不断注入的熵流则没有确定的要求，$\mathrm{de}S$ 可以大于、等于也可以小于零。在 $\mathrm{de}S$ 小于零的情况下，只要这

个负熵流足够强，它除了抵消掉系统内部的熵增 d_iS 外，还能够使系统的总熵 dS 减少，从而使系统进入相对有序的状态。所以，对于开放系统来说，系统通过自发的对称性破缺从无序进入有序的耗散结构状态，并不与热力学第二定律相矛盾（即并不与 $d_iS \geqslant 0$ 发生冲突）。显然，如果外界流入系统的正熵流，系统不仅不能形成有序的耗散结构，反而会更快地趋于混乱。应当指出，系统与环境是不同的。内外有别，系统不可能对外界“全面开放”；否则，它就成了环境或另一个系统的组成部分，也就丧失了自己的相对独立性。

（2）远离平衡态

平时接触的系统几乎都是开放系统，然而在物理、化学界发现耗散结构的例子并不普遍，绝大多数开放的物理、化学系统都还在接近平衡态（线性区）的地方，甚至有的开放系统就处于平衡态。平衡态和近平衡态（线性区）的系统总倾向是趋于无序，所以出现耗散结构的另一重要条件是外界必须驱动开放系统越出非平衡线性区，到达远离平衡态的区域去。

这种远离平衡态的要求在上述各例中，都是十分明显的。在激光系统中，微弱的泵浦（近平衡态）不足以使原子间形成协作；只有当光泵强到使系统发生原子布居的反转（远离平衡态）时，激光才能产生。在贝纳德对流实验中，宏观对流也只有在两板温差超过临界值，流体内出现强烈的非平衡态时，才会出现。在耗散结构理论相关概念提到了两种时间箭头，现在可以看出，它们之间并无根本的对立，不过是热力学第二定律在不同条件下的表现。孤立系统或近平衡态系统的演化，表现出第一类时间箭头；而当开放系统处于远离平衡态的条件时，有可能表现出第二类时间箭头。

在这里，有必要谈一下耗散结构与平衡结构的差别。一个非孤立的系统也可能趋于平衡态，而这平衡态并不对应熵的最大值。例如，在系统与恒温热源接触时达到极小值的是自由能（见通常热力学教科书），即

$$F = E - TS$$

这里 E 是内能，T 是热力学温度。为了使自由能尽可能地小，有两种办法：一是使熵尽可能大；另一个途径是尽可能减小能量 E。所以，在平衡态系统可以以减小能量 E 为条件而不处于熵最大的状态，即并不处于最无序的状态；在开放条件下，是有可能产生相对低熵的平衡态的有序结构的。这种在平衡态出现的对称性自发破缺从无序态进入有序态（如通过降低温度减少能量，使水变成冰），这种现象叫平衡相变，而相应的结构叫平衡结构。本书提出的耗散结构与平衡结构有本质的差别。平衡结构是一种无序的结构，这个结构的维持不依赖于外界。这种结构形成后，最好把系统孤立起来，才能使这个结构保持不变。例如，只有将冰放入保温桶内，才不致融化。而耗散结构是个“活”的结构，是有序结构，它只有在非平衡条件下才能形成。由于它内部不断产生熵，就要不断从外界引入负熵流，不断进行“新陈代谢”过程。所以，耗散结构只有在开放条件下才能维持。这就是普利高津所说的“非平衡是有序之源”论断的含义。

（3）突变现象

自组织现象的一个显著特点是：它总是通过某种突变过程出现的，某种临界值的存在是伴随耗散结构现象的一大特征。

在本书所举的各类自组织现象中，都存在临界参数值。比如在贝纳德对流中，就有阈值 ΔT_c。从静止的热传导态到宏观的对流态，是在 ΔT 略小于 ΔT_c 到略大于 ΔT_c 的微小变化区间内发生的。又如，激光现象中粒子布居的反转，正是这种临界状态（$D=A_c$），A_c 就是对参数 D 的阈值。此外，三分子化学反应中的 B_c，都是各种自组织现象中的临界值。

临界值对系统性质的变化有着根本意义。在控制参数越过临界值时，热力学分支（平衡态与从平衡态连续变化来的非平衡态）并没有消失，只是失去了稳定。正是这个"失去稳定"联系着对称性的"自发"破缺或自组织，因为这时不需要人为地控制外界条件加入"新的序"，它完全可以来自于无法控制的涨落因素，微小的涨落就会使系统离开热力学分支而进入到新的有序的耗散结构分支。涨落之所以能发挥这么大的作用，是因为热力学分支的失稳已为这一切准备好了必要的条件。

在临界点附近，控制参数的微小改变可以从根本上改变系统性质的现象叫突变现象。在非平衡态条件下发生的突变叫非平衡相变，非平衡相变根据其特点又可分成各种类型，最典型的是二类相变和一类相变。图 3. 35 示意了二类相变（即所谓连续相变）的行为。这时，在临界点序参量的值并不突变，发生突变的是序参量对控制参量的一阶导数。图 3. 36 是一类相变的例子，在沿下枝增加控制参量 A 越过临界值时，序参量的值会从零突变为有限值，而沿上枝减少控制参量越过 M 点时，序参量不回到零。直到 A 减小到小于时，序参量才从有限值直接跳回零。所以，一类相变中临界点附近序参量会发生有限的跳跃，它不再连续。

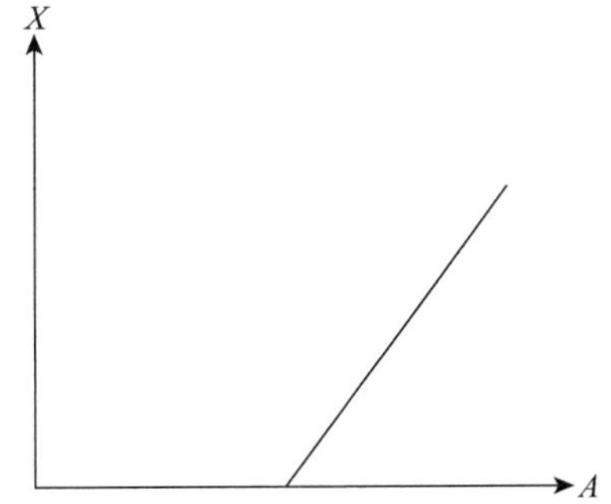

图 3. 35　二类相变，虚线为不稳定分支，实线为稳定态

在临界点附近，系统性质发生突变的现象并非只在非平衡相变中出现。事实上在平衡结构出现时，同样会伴随有阈值、失稳及对称性自发破缺等现象，甚至非平衡相变中一类相变、二类相变的名称都是从平衡相变中沿用而来的。在许多方面，非平衡相变与平衡相变有类似的性质，至于非平衡相变自己有哪些独特的行为，目前正在研究之中。但可

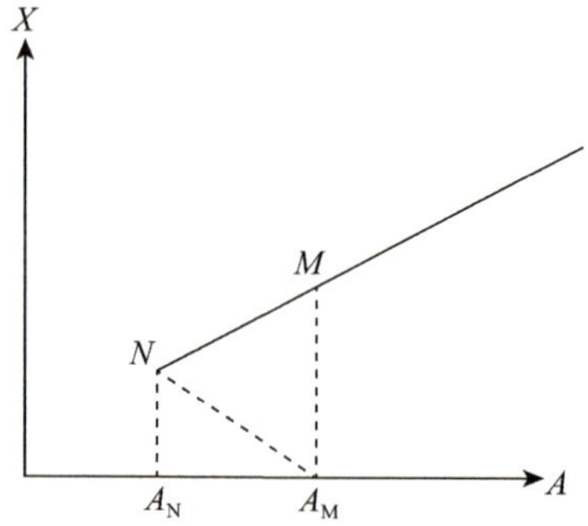

图 3.36　一类相变，在 A_M 和 A_N 处，序参数有有限跳跃

以肯定的是，要为生命世界由低级到高级的进化行为寻找根据，只有非平衡相变、非平衡系统的自组织，才能成为其理论基础，尽管这个理论本身仍然还处于发展阶段。

在所有上述例子中，都只涉及一次分叉行为。进一步改变控制参量，已经从热力学分支分叉演化来的耗散结构分支也会失稳，而发生新的分叉，进入新的更高级的耗散结构分支。图 3.37 粗略地表现了二级分支，三级分支，……，高级分支的行为。以 A_1 为热力学分支，B_1、B_2 为一级分支，C_1、C_2 为二级分支……。为了使系统具有足够的功能来模拟生命现象，高级分支是绝对必要的。因为一级分支只能产生类似于振荡、空间花样等最简单的结构或功能。只有在这简单结构基础上的进一步分叉，才可能给出更多累起在各次分叉中新产生的自组织的本领，真正使系统的功能变得丰富和完备起来。可以看到，这种高级的分支行为和生物“进化树”有多么惊人的相似。

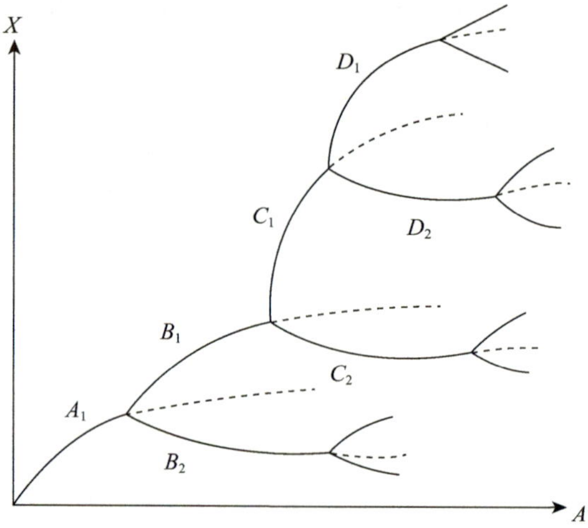

图 3.37　高级分支行为

尤其值得一书的是高级分支给物理、化学系统引入了“历史”的概念。例如，处于 D_1 上的态是通过 $A_1 \rightarrow B_1 \rightarrow C_1$ 的分支发展而来的，这段历史中的每一阶段都赋予这个态以一定的性质和功能。最后，D_1 所达到的实际功能是演化的历史被“记忆”和保留

在该态中的部分选择。这里面，既有老一代性质的遗传，又有新的功能的产生和选择。

图 3.37 的分叉树可以粗略而形象地看到，生命和世界是怎样经过一次次分叉和复杂历史而进入今天的。它还将继续前进下去，在新的可能的分叉中走向未来。

（4）正反馈

从上面的分析可以看到，热力学分支的失稳给耗散结构的产生提供了条件。然而，什么机制是造成这种失稳的原因呢？这是各种形式的正反馈。

在激光现象中，正反馈就是受激辐射。一个光子打到活性原子上，不仅不被吸收，反而激发出一个新的同样的光子。在化学反应中，自催化和交叉催化就是这种正反馈。类似的反馈在对流和生态的耗散结构中都能看到。热力学分支的稳定性取决于这种正反馈与耗散因素的竞争。当正反馈较弱而后者占优势时，热力学分支是稳定的；反之，正反馈起支配地位了，原来的状态就要失稳。对于化学反应系统来说，某种催化现象的存在，是化学振荡必不可少的条件。

正反馈不仅是热力学分支产生的原因，也是序产生的重要因素，因为正反馈可以看成为自我复制、自我放大的机制。正是这种自我复制，使无数个小分子的微观行为得到协同而产生出宏观的序来。

（5）系统状态变化是非线性关系

线性的正反馈可能使热力学分支失稳，但它无法重建出一个新的稳定的态。在热力学分支失稳的基础上，使系统重新稳定到新的耗散结构分支上去的使命是由非线性项来完成的。在激光系统中，不仅有加快光子形成的增益效应，也有限制光子增长到无穷大的饱和效应。

（6）涨落导致有序

通常的涨落不仅很弱，而且随机生灭。在某一时刻、某一空间位置上的随机变量的涨落与其他时刻、其他位置上的涨落互相完全无关，它们不能形成时间和空间上的序。

在临界点的涨落则十分不同，这种涨落不仅强度大，而且具有时间和空间的协同。事实上最后实现的耗散结构的序，正是由涨落所决定的。

3.2 生物浸铀中 *A.f* 与 *A.m* 微生物系统的耗散结构特征

生物浸铀中微生物类型主要有自养菌和异养菌。自养菌有嗜酸性化能自养的铁/硫氧化菌，承担将金属氧化浸出的作用，主要为自养型微生物，主要有氧化亚铁硫杆菌（*A.f*）、氧化亚铁钩端微螺菌（*Leptospirillum ferrooxidans*，简称 *L.f*）和氧化硫硫杆菌（*A.t*）等。其中嗜酸氧化亚铁硫杆菌（*A.f*）可以氧化 Fe^{2+} 离子、元素硫 S^0 和还原态硫化物；嗜酸氧化硫硫杆菌（*A.t*）能氧化元素硫，不能氧化 Fe^{2+} 离子；氧化亚铁微螺菌（*L.f*）能氧化铁离子，但不能氧化元素硫。除以上几种主要自养菌外，目前许多研究发现，在硫化矿堆浸体系、硫化矿酸性废水以及酸性温泉中存在其他多种微生物（见表 3.1）。

表 3.1　自养菌 pH 及温度生长条件表

种名	适合生长的 pH 范围	生长最适 pH	适合生长的温度范围/℃	生长最适温度/℃
Acidithiobacillus thiooxidans	0.5~6.0	2.0~2.5	10~37	30~35
Leptospirillum ferrooxidans	1.0~6.0	2.0	2~40	28~30
Acidithiobacillus ferrooxidans	0.5~6.0	2.0~3.0	15~35	30~35
thiobacillus thioparus	4.5~10.0	6.6~7.2	10~37	20
thiobacillus intermedius	1.9~7.0	6.0~7.0	25~35	30
thiobacillus neapolitanus	3.0~8.5	6.2~7.0	8~37	28

尽管在生物冶金过程中，嗜酸的自养菌起着主导作用，但是通常在这些环境中也能找到异养菌。尤其是在酸性矿石排出液的沉淀物中更容易找到。异养菌与自养菌共同生活在矿物环境中，大多异养型微生物对金属浸出不起直接作用，但这是生物浸铀必不可少的一类微生物，能起到清除自养菌代谢产物的作用。异养微生物的一些种类和主要生长条件见表 3.2。

表 3.2　异养菌 pH 及温度生长条件表

种名	适合生长的 pH 范围	生长最适 pH	适合生长的温度范围/℃	生长最适温度/℃
Acidiphilium spp.	2.0~6.0	3.5	20~40	30
Aph. acidophilum	1.5~6.0	3.0~3.5	10~35	25~35
A. cryptum	1.5~5.9	3.0	20~41	35~41
A. symbioticum	1.5~5.0	3.0~4.0	—	37
A. organovorum	2.0~5.5	3.0	20~45	37
A. multivorum	1.9~5.6	3.5	17~42	27~35
Thiobacillus acidophilus	1.5~6.5	2.5~3.0	25~37	27~30
Ferromicrobium acidophilus	1.3~4.8	2.0~2.5	20~40	37

自养菌能氧化 Fe^{2+} 或 S^{2-} 离子，而异养菌对 Fe^{3+} 或 S^{6+} 有还原能力，还可利用自养菌自养代谢产物作为碳源和能源进行异养生长并解除有机物对自养菌的抑制作用；在生物冶金体系中，异养菌能通过生长代谢分解矿物表面的有机物以提高自养菌对矿物的浸出效率，而自养菌则可以减轻硫化物对异养菌的抑制作用。自养菌与异养菌间的这种协同作用，可以优化环境中群落活性，互相取长补短，使彼此更好地得到生长，进而促进矿物的氧化。

普利高津提出了形成耗散结构的 4 个必要条件为：必须是一个开放系统；系统状态变化是非线性关系；系统远离平衡态；系统从无序向有序演化是通过随机的涨落来实现。因此探讨生物浸铀中 *A. f* 与 *A. m* 微生物系统的耗散结构特征，需要回答 4 个方面的问题：①生物浸铀中 *A. f* 与 *A. m* 微生物系统是否是开放系统？②生物浸铀中 *A. f* 与 *A. m* 微生物系统状态变化是否是非线性关系？③生物浸铀中 *A. f* 与 *A. m* 微生物系统能否到达远离平衡态？④生物浸铀中 *A. f* 与 *A. m* 微生物系统如何从不稳定状态跃迁到一个新的有序态？

3.2.1 生物浸铀中 *A. f* 与 *A. m* 微生物系统满足开放系统特征

由热力学第二定律可知，一个孤立系统的熵一定要随时间增大。熵达到最大值，系统达到最无序的平衡态。所以，孤立系统绝不会出现耗散结构。即使原来的系统具有耗散结构，一旦把系统孤立起来，这个结构就要瓦解。那么开放系统为什么会出现本质上不同于孤立系统的行为呢？原因在于系统同外界之间的熵的交换 d_eS。在开放的条件下，系统的熵 dS 由 d_eS 和 d_iS 两部分组成，即 $dS = d_eS + d_iS$。在 $d_eS<0$ 的情况下，只要这个负熵流足够强，它除了抵消掉系统内部的熵增 d_iS 外，还能够使系统的总熵 dS 减少，从而使系统进入相对有序的状态。

生物浸铀环境条件研究主要集中于温度、pH、细菌接种量、矿石粒度、矿浆浓度、通气量及 Fe^{2+} 浓度等环境条件。孙占学等[38]在 721 矿山南矿区进行了废石生物堆浸试验，通过试验发现，粒度不超过 25 mm、铀品位 0. 024 5%的矿样在 *A. f* 菌的作用下铀浸出率为 63%~73. 6%，这说明微生物在表外铀矿石铀元素的回收和废矿处理等方面具有较大的应用潜力。刘金辉等[149]以我国某火山岩型铀矿床为研究对象，采用 *A. f* 菌浸铀试验，溶浸液温度维持在 26~30 ℃，铀的平均液计浸出率和渣计浸出率分别达到 85. 6%和 88. 3%，浸出效果较为理想。刘亚洁等[150]研究表明向低硫铀矿石中添加适量黄铁矿的生物浸出方法可以提高铀浸出率。李江等[151]研究表明较高的起始酸度能给 *A. f* 菌提供更好的生存环境，可明显提高铀的浸出率。周义朋等[37]以砂岩型铀矿为研究对象，采用 *A. f* 菌等自养菌浸铀试验，在酸度 4 g/L、Fe^{3+} 2 g/L 的条件下铀浸出率最高(96. 43%)。周仲魁等[152]对某铀矿石在不同酸度下 *A. f* 菌等自养菌溶浸浸铀进行了对比试验，分析了浸出过程中铀浸出率、酸耗和细菌生长等变化规律。王学刚等[153]在温度 30 ℃、转速 120 r/min，初始 pH 为 1. 8，摇瓶实验条件下，混合 *A. f* 菌等自养菌液接种量按总体积的 5%、10%、20%、30%进行接种。在浸出 84 h 时，细菌接种量由 5%增加到 30%时，铀浓度由 149.18 mg/L 增加到 198.22 mg/L，对应的铀浸出率则由 50.46% 提高至 67.05%，说明细菌接种量越高，越有利于铀的浸出。石健等[154]指出微生物浸铀技术可以大幅度提高难浸铀矿石的浸出率，其关键技术是培养高活性的菌种。高旭[155]认为 *A.f* 菌接种量越高，溶液中 Fe^{3+}浓度越高，越有利于铀浸出，浸出 U 浓度和 U 浸出率也越高，但过高的接种量导致铁离子浓度增高，影响铁沉淀，且接种量越多，U 浸出率提高不明显，所以选择细菌接种量 20%为最佳。李广悦等[156]采用异养型微生物黑曲霉浸铀，黑曲霉孢子接种量在 $1\times10^5 \sim 1\times10^8$ 孢子/L 的范围内，铀浸出率随着孢子接种量的增加而急剧增大，1×10^8 孢子/L 时达到最大值 73.77%。H. ZARE TAVAKOLI[157]研究表明在［Fe^{2+}］initial = 2.89 g/L、通气速率 420 mL/min、pH 1.45、接种率 6%（体积分数）的条件下，采用 *A.f* 菌等自养菌浸铀试验，铀矿生物浸出率最大（(90.27±0.98)%），在最佳浸出条件下铀的生物柱浸率提高，黄钾铁矾沉淀量减少。李兴华等[39]对我国南方某硬岩难浸铀矿石，采用 *A.f* 菌等自养菌浸铀试验，分别开展了不同酸耗、矿浆液固比、不同初始铁浓度摇瓶搅拌浸出试验，考察铀浸出率（浓度）与酸浓度、菌液三价铁浓度、液固比和 Eh 之间的关系，研究认为在酸化酸度 30~60 g/L、酸耗 8%~15%、液固比（2.5~5.0）：1、三价铁浓度 5~7 g/L 的条件下，铀矿生物浸出效率最佳。洪娴静[68]等利用自养菌与 *A.m* 菌混合对低品位辉铜矿生物浸出试验，在 pH 为 1.8、温度 37 ℃、转速 180 r/min 条件下，浸出效率高达 67.6%。Zhang[64]等在初始 pH 3.5、温度 30 ℃时，*A.m* 菌浸矿效率达 40%。

综上所述，前人的研究成果基本找出了铀矿生物浸出中 *A.f* 与 *A.m* 微生物开放系统所需的物质和能量，即温度、pH、空气、培养基类型、黄铁矿（矿石粒度、矿浆浓度）等，这些物质就是微生物系统的负熵，是铀矿生物浸出中 *A.f* 与 *A.m* 微生物系统的物质和能量来源。所以，生物浸铀中 *A.f* 与 *A.m* 微生物系统具备耗散结构的开放系统条件。

3.2.2 生物浸铀中 *A.f* 与 *A.m* 微生物系统状态变化满足非线性关系特征

生物浸铀中 *A.f* 与 *A.m* 微生物系统状态变化的量叫状态变量 x，这些变量用来说明系统的有序程度，所以也称为序参量。生物浸铀中 *A.f* 与 *A.m* 微生物系统状态变化可用 *A.f* 菌的菌密度来表征，因为生物浸铀中 *A.f* 与 *A.m* 微生物系统浸出金属是由 *A.f* 菌来完成的，*A.f* 菌与 *A.m* 菌的协同结果也是促进 *A.f* 菌的生长、繁殖。因此，x 也可表示 *A.f* 菌的菌密度。

最简单的 *A.f* 菌方程便是以下线性方程

$$\frac{\mathrm{d}x}{\mathrm{d}t} = kx - dx \tag{3.24}$$

这里 k 和 d 为两正数。增殖系数 k 代表 *A.f* 菌繁殖后代的能力，d 则表示其死亡率。其定态解为

$$-(k-d)x = 0, \quad x = 0$$

在初始条件下（$x_s = a \neq 0$），方程（3.24）的解是

$$x = a\mathrm{e}^{(k-d)t} \tag{3.25}$$

如果C源、O_2和黄铁矿等短缺，就会出现$k < d$的情况。随着$t \to \infty$，$x \to 0$，A.f菌将会在系统中消失，详见图3.38（a）。

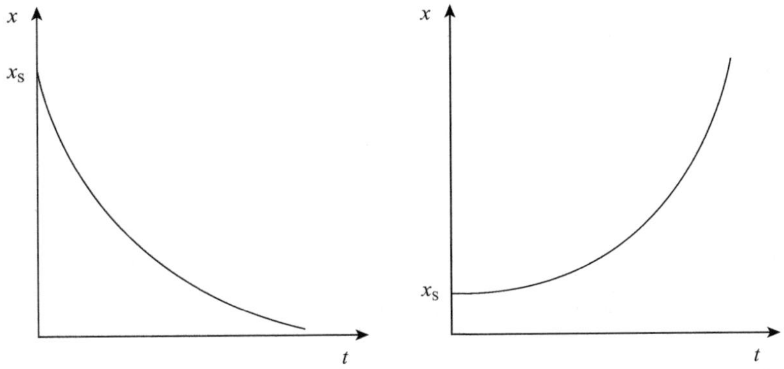

（a）A.f菌消失　　（b）A.f菌发展

图3.38　A.f菌消失及发展示意图

而当碳源与能源物质丰富，环境优越，条件有利于A.f菌的繁殖发展时，便会有$k>d$，这时只要初始的x_s不为零，以后A.f菌都会繁荣发展，以至无穷（详见图3.38（b））。

因此，生物浸铀中A.f与A.m微生物系统在线性条件下，$k<d$时，回到$x=0$的解上来，这时热力学分支是稳定的；$k>d$时，这样序参量离$x=0$的距离越来越远，热力学分支不再稳定，详见图1.4。这两种归宿人们都不感兴趣。希望看到的是，在一定条件下系统能脱离序参量为零的热力学分支而发展到具有非零、又有限的序参量值的耗散结构分支上。要在数学上实现这一前景，所考虑的方程必须是非线性的。

在生物界，旧的物种由于不适应环境的变化而被淘汰的现象司空见惯。然而，作为适者生存下来的物种从未出现过无穷发展的现象，原因仍在于线性方程（3.24）没有考虑极为重要的饱和因素。由于自然资源有限，A.f菌的发展要受到这种有限资源（如碳源与能源物质等）的制约。当个体数x很小时，这种制约不明显。随着x的增大，自然资源越来越被充分利用，对这种资源的竞争就越来越激烈。很多较弱的个体会因得不到生存所必需的碳源与能源物质而中途夭亡，不能参与繁殖后代。这样，从增殖系数k中必须减去考虑到饱和效应的一项。由于饱和效应随着x的增加而日趋显著，这附加项应与x有关。于是k应被$k \to k - \beta x$所代替。因此方程（3.24）最后变成

$$\frac{\mathrm{d}x}{\mathrm{d}t} = (k - \beta x)x - \mathrm{d}x = (k - d)x - \beta x^2 \tag{3.26}$$

β为饱和系数。

所以，生物浸铀中A.f与A.m微生物系统是具有达到耗散结构的非线性关系条件。

3.2.3 生物浸铀中 *A.f* 与 *A.m* 微生物系统满足远离平衡态特征

从线性方程（3.24）分析可得，平衡态和近平衡态（线性区）的系统总倾向是趋于无序。所以出现耗散结构的另一重要条件是外界必须驱动开放系统跃出非平衡线性区，到达远离平衡态的区域去。

（1）非线性稳定性分析

A.f 菌方程为

$$\frac{\mathrm{d}x}{\mathrm{d}t}=f(x) \tag{3.27}$$

$f(x)$ 是 x 的非线性函数。

在非线性方程中要判断一个定态解的稳定性，可以应用前面线性方程（3.24）的稳定性分析方法。假定方程（3.27）的定态解是 $x=x_0$，即

$$f(x_0)=0 \tag{3.28}$$

现在在定态 x_0 上加一个小小的微扰 Δx，使

$$x=x_0+\Delta x$$

要看，在 $t>0$ 后，x 是趋于 x_0 还是远离 x_0。如是前者，则 x_0 是稳定的；如是后者，说明 x_0 不稳定。把 $x=x_0+\Delta x$ 代入（3.27），由于 x_0 是常数，方程（3.27）变成

$$\frac{\mathrm{d}(\Delta x)}{\mathrm{d}t}=f(x_0+\Delta x) \tag{3.29}$$

又因为 Δx 是极小的偏离，所以 $f(x_0+\Delta x)$ 可以表示为

$$f(x_0+\Delta x)=f(x_0)+f'(x_0)\Delta x=f'(x_0)\Delta x \tag{3.30}$$

其中

$$f'(x_0)=\left.\frac{\mathrm{d}f(x)}{\mathrm{d}x}\right|_{x=x_0}$$

式（3.30）的第二个等号是因为考虑到式（3.28）。这样式（3.29）就化为线性方程

$$\frac{\mathrm{d}(\Delta x)}{\mathrm{d}t}=f'(x_0)\Delta x \tag{3.31}$$

和式（3.24）一样，它的解为

$$\Delta x=\Delta x_0\mathrm{e}^{f'(x_0)t}$$

这里 Δx_0 是在 $t=0$ 时微干扰使 x 对定态 x_0 偏离的值。现在，x_0 的稳定性就决定于 $f'(x_0)$。如 $f'(x_0)<0$，则 x_0 稳定；$f'(x_0)>0$，说明 x_0 不稳定。

（2）生物浸铀中 *A.f* 与 *A.m* 微生物系统的非线性定态分析

在生物浸铀中 *A.f* 与 *A.m* 微生物系统中 *A.f* 菌存在式（3.26）非线性增长方式。

$$\frac{\mathrm{d}x}{\mathrm{d}t}=(k-\beta x)x-\mathrm{d}x=(k-d)x-\beta x^2$$

这个方程与线性方程（3.24）的不同之处在于它增加了一个非线性项 x^2。

(3.3) 的定态方程

$$(k-d)x-\beta x^2=0$$

有两个解

$$x=0\text{ 和 }x=\frac{k-d}{\beta}$$

定态解是热力学分支解 $x=0$。那么这个解是否稳定呢？在 $x=0$ 附近，方程（3.27）通过（3.31）的证明可线性化为

$$\frac{\mathrm{d}\Delta x}{\mathrm{d}t}=f'(0)\Delta x=(k-d)\Delta x$$

其解为

$$\Delta x=\Delta x_0 \mathrm{e}^{(k-d)t} \tag{3.32}$$

当 $(k-d)<0$，随着 $t\to\infty$，$\Delta x\to 0$。因此 $x=0$ 的解是稳定的。然而当 $k>d$ 时，尽管 $x=0$ 仍然是序参量方程（3.26）的定态解，但它已不再稳定，因为式（3.32）中 e 的指数 $k-d$ 为正，所以对 $x=0$ 的微小偏离都会使系统离热力学分支越来越远。这种偏离会不会无穷发展下去呢？不会。非线性项 x^2 会把序参量限制在一个有限而非零的值上。现在，可以对新的定态 $x_0=\dfrac{k-d}{\beta}$ 进行线性稳定性分析。在 x_0 附近非线性方程（3.27）通过（3.31）的证明可线性化为

$$\frac{\mathrm{d}\Delta x}{\mathrm{d}t}=f'(x_0)\Delta x$$

$$=\left[(k-d)-2\beta\frac{k-d}{\beta}\right]\Delta x=-(k-d)\Delta x$$

其解 $\Delta x=\Delta x_0 \mathrm{e}^{-(k-d)t}$

当 $k<d$ 时，随 $t\to\infty$，$\Delta x\to\infty$，这样序参量离 $x=(k-d)/\beta$ 距离越来越远，热力学分支不再稳定。但是当 $k>d$ 时，随 $t\to\infty$，$\Delta x\to 0$，所以 $x_0=(k-d)/\beta$ 是稳定的。这样，看到了非线性项的奇特作用。它使热力学分支失稳后序参量并不向无穷发散，而收敛到了序参量不为零的新的稳定态上，进入稳定的耗散结构分支，如图 3.18 所示。

因此，从以上分析可得出，当 $k<d$ 时，A.f 菌在生物浸铀中 A.f 与 A.m 微生物系统内会慢慢消失。但当 $k>d$ 时，A.f 菌数量不会发展到无穷，而只是发展到稳定态

$$x^*=(k-d)/\beta$$

$k>d$ 越大，饱和系数 β 越小（即资源越丰富），这个稳定态的数就越大。如果 β 很大（资源短缺，而饱和效应显著），即使 k 很大（A.f 菌繁殖能力强），最终自养菌种群也不会很大。这个稳定态值就是生物浸铀中 A.f 与 A.m 微生物系统允许 A.f 菌所能维持的 A.f 菌的个体数目（见图 3.39）。

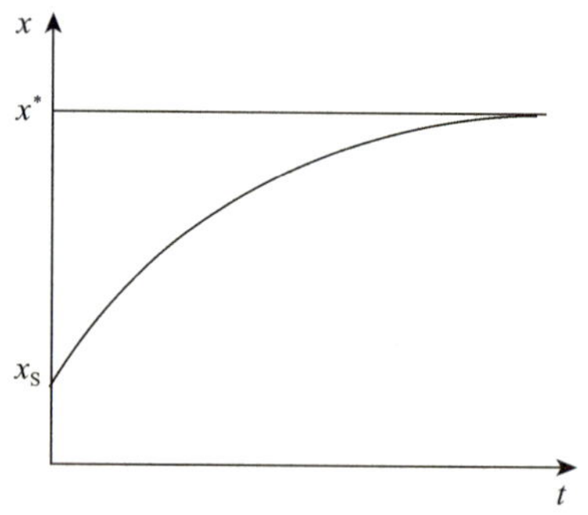

图 3.39　*A.f* 菌数量

在生物浸铀中 *A.f* 与 *A.m* 微生物系统的平衡态（孤立系统）$x=0$，系统是稳定的。随着外界环境改变（CO_2 和 O_2 等），系统成了开放系统，*A.f* 菌不断地生长、繁殖，但由于饱和效应的存在，*A.f* 菌不可能会一直在线性区，系统会跃出非平衡线性区；当 *A.f* 菌的 $k>d$ 时，系统会发展到稳定态 $x^*=(k-d)/\beta$，这个稳定态显然远离了平衡态。

所以，生物浸铀中 *A.f* 与 *A.m* 微生物系统具备耗散结构的远离平衡态条件。

3.2.4　生物浸铀中 *A.f* 与 *A.m* 微生物系统满足涨落特征

涨落是系统要素的独立运动或局部产生的各种运动以及在环境的干扰下系统状态变量偏离平均值的一种随机现象。生物浸铀中 *A.f* 与 *A.m* 微生物系统从一开始浸出就存在涨落，这些涨落不会对系统产生大的影响，也不会出现高效浸出。但是在临界点的涨落则十分不同，这种涨落不仅强度大，而且具有时间和空间的协同，热力学分支失去稳定。正是这个“失去稳定”联系着自组织。从上述证明中可得，当 *A.f* 菌 $k>d$ 时，*A.f* 菌数量不会发展到无穷，而是会发展到稳定态，$k=d$ 就是系统“失去稳定”进入自组织突变的临界点。

有一点需注意，在系统到达临界点之前，系统需不断接受正反馈。在生物浸铀中 *A.f* 与 *A.m* 微生物系统内，*A.f* 菌通过自我复制、自我放大使无数个小分子的微观行为得到协同而产生出宏观的序，*A.f* 菌的自我复制、自我放大就是正反馈。*A.f* 菌的自我复制、自我放大需系统是开放的、需 *A.m* 菌的帮助，因为 *A.m* 菌可以清除自养菌产生的 DOC，但是数量不能太多，若占了优势的话会影响 *A.f* 菌的生长，这时就会出现负反馈，最终影响金属浸出。反之，正反馈起支配地位了，原来的状态就要失稳，使得系统涨落累积放大，系统到达临界点附近，这时，很可能出现巨涨落，而这种涨落可能不被耗散，导致系统跃迁到一个新的有序态。

图 3.40 把线性方程（3.24）、非线性方程（3.26）稳定情况与一个在不同形式的势阱中小球的稳定性情况作了直观的对比，从中可以看出非线性项对产生耗散结构分支的意义。

(a) 线性方程(3.24)，$k<d$，0点稳定

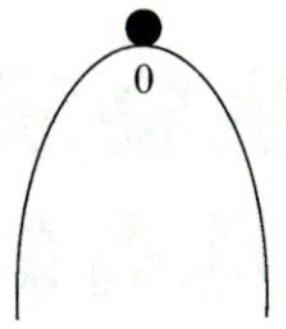

(b) 线性方程(3.24)，$k>d$，0点失稳

(c) 非线性方程(3.26)，$k<d$，0点稳定

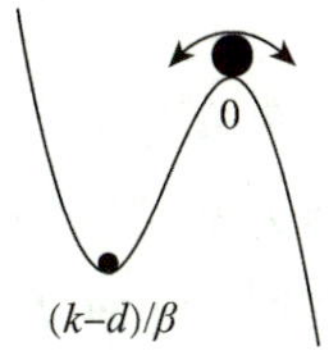

(d) 非线性方程(3.26)，$k<d$，0点不稳定，但在$(k-d)/\beta$处又出现了新的稳定态

图 3.40 线性与非线性方程稳定情况与一个在不同形式的势阱中小球的稳定性情况对比图

因此，生物浸铀中 $A.f$ 与 $A.m$ 微生物系统满足耗散结构的开放系统、非线性关系、远离平衡态和涨落的四大必要条件，铀矿生物浸出中 $A.f$ 与 $A.m$ 微生物系统具有耗散结构。

3.3 小结

本章首先介绍了耗散结构理论，然后根据耗散结构的形成条件分析了生物浸铀中 $A.f$ 与 $A.m$ 微生物系统是否满足耗散结构的 4 个必要条件，取得了以下几个结论：

1）生物浸铀中 $A.f$ 与 $A.m$ 微生物系统具备耗散结构的开放系统条件。

2）生物浸铀中 $A.f$ 与 $A.m$ 微生物系统是具有达到耗散结构的非线性关系条件。

3）生物浸铀中 $A.f$ 与 $A.m$ 微生物系统具备耗散结构的远离平衡态条件。

4）生物浸铀中 $A.f$ 与 $A.m$ 微生物系统具备涨落条件。

本章从理论角度分析了铀矿生物浸出中 $A.f$ 与 $A.m$ 微生物系统具备耗散结构特征。因此，铀矿生物浸出中 $A.f$ 与 $A.m$ 微生物系统满足耗散结构的开放系统、非线性关系、远离平衡态和涨落的四大必要条件，铀矿生物浸出中 $A.f$ 与 $A.m$ 微生物系统具有耗散结构。

第 4 章　生物浸铀中 *A.f* 与 *A.m* 微生物系统具有耗散结构的试验分析

第 3 章从理论角度分析了铀矿生物浸出中 *A.f* 与 *A. m* 微生物系统具有耗散结构。本章将从试验角度研究铀矿生物浸出中 *A.f* 与 *A. m* 微生物系统具有耗散结构。根据耗散结构理论铀矿生物浸出中 *A.f* 与 *A. m* 微生物系统要到达耗散结构，外界环境条件是关键。因此，首先需研究 *A.f* 菌与 *A. m* 菌协同作用最佳的 pH、温度、矿浆浓度及 Fe^{2+} 的初始浓度等外在环境条件，然后再对铀矿生物浸出中 *A.f* 与 *A. m* 微生物系统是否具有耗散结构进行试验分析。

4.1　745 铀矿浸出中 *A.f* 菌与 *A.m* 菌协同作用外在环境条件研究

本书的 3. 2. 1 节表明，生物浸铀中 *A.f* 与 *A. m* 微生物系统具备耗散结构的开放系统条件，开放系统是一个敞开体系，与外界环境有能量和物质交换。外界环境条件具体是什么，不同的铀矿不同，本书以 745 铀矿为浸出材料，系统地研究了 745 铀矿浸出中 *A.f* 菌与 *A. m* 菌协同作用外在环境条件。

4.1.1　材料与方法

（1）铀矿样品

745 铀矿石样品，磨至-200 目。

（2）试验菌株

A.f 菌与 *A. m* 菌。

（3）试验方法

试验确定 *A.f*、*A. m* 菌协同浸铀的最佳 pH、温度、矿浆浓度及 Fe^{2+} 的初始浓度等外在环境条件。

1）*A.f* 菌最佳接种量确定方法：在 pH 为 1. 8、30 ℃条件下，*A.f* 菌接种量分别为 5%、10%、20%及 30%，测定 pH、Eh、铁离子及铀浓度变化，综合比选确定最佳接种量。

2）*A.f* 与 *A. m* 最佳初始接种比确定方法：在 pH 为 1. 8、30 ℃、*A.f* 菌最佳接种量条件下，*A.f* 菌与 *A. m* 菌接种初始比例分别为 20 ∶ 1、10 ∶ 1、5 ∶ 1 与 1 ∶ 1，测定 pH、Eh、铁离子及铀浓度变化，综合比选确定最佳初始接种比。

3）*A.f* 菌与 *A. m* 菌协同浸铀的最佳生长 pH 确定方法：在 *A.f* 菌与 *A. m* 菌最佳初始接种比条件下，pH 分别为 1. 4、1. 6、1. 8、2. 0 及 2. 2，测定 pH、Eh、铁离子及铀浓度变化，确定最佳 pH。

4）*A.f* 菌与 *A. m* 菌协同浸铀的最佳生长温度确定方法：在 *A.f* 菌与 *A. m* 菌最佳初始接种比、最佳 pH 下，将 *A.f* 菌与 *A. m* 菌分别放入 15、20、25、30 ℃与 35 ℃的恒温培养箱中培养，测定铁离子及铀浓度变化，确定最佳生长温度。

5）*A.f* 菌与 *A. m* 菌协同浸铀的最佳矿浆浓度确定方法：在最佳的 *A.f* 菌与 *A. m* 菌初始接种比、pH、温度条件下，矿浆浓度分别为 5%、10%、15%与 20%时，测定 pH、Eh、铁离子及铀浓度变化，确定最佳矿浆浓度。

6）*A.f* 菌与 *A. m* 菌协同浸铀的最佳 Fe^{2+} 初始浓度确定方法：在最佳的 *A.f* 菌与 *A. m* 菌初始接种比、pH、温度及矿浆浓度条件下，Fe^{2+} 的初始浓度分别为 1.0、3.0、5.0 及 7.0 g/L，测定 pH、Eh、铁离子及铀浓度变化，确定最佳 Fe^{2+} 的初始浓度。设置 3 组平行样。

（4）分析方法

pH 测定采用 321-S 型 pH 计；Eh 测定采用 SKY3-431 型氧化还原测定仪；铁离子浓度测定采用乙二胺四乙酸二钠（EDTA）络合滴定[158]，滴定步骤详见该文所述；铀浓度的测定采用电感耦合等离子体发射光谱仪（ICP-OES，Agilent 5100）法[159-165]。

4.1.2 结果与讨论

（1）*A.f* 菌最佳接种量

1）pH、Eh 变化

不同 *A.f* 菌接种量条件下 pH、Eh 随时间的变化如图 4.1 所示。

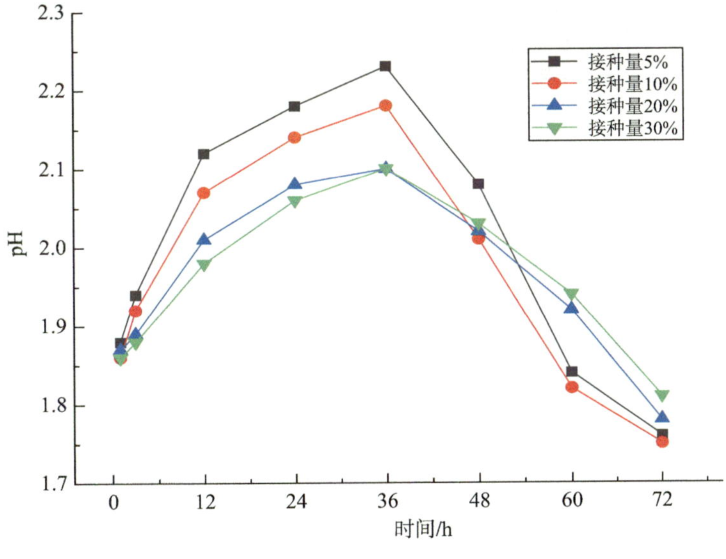

图 4.1　*A.f* 菌不同接种量条件下 pH 随时间的变化

从图 4.1 可看出，前 36 个小时，接种量越高，pH 越小，这为生物浸铀创造了较好的酸性环境条件。36 个小时后，接种量为 20%和 30%时的 pH 下降速率低于接种量为 5%和 10%，是由于前 36 个小时接种量越高，pH 越小，产生的黄甲铁矾越少，产生的 H^+就少。

从图 4.2 可看出，不同的接种量 Eh 具有类似的趋势，都是先增加后减少。在前 48 个小时，接种量越高，Eh 越高，这为生物浸铀创造了较好的氧化电位环境条件。

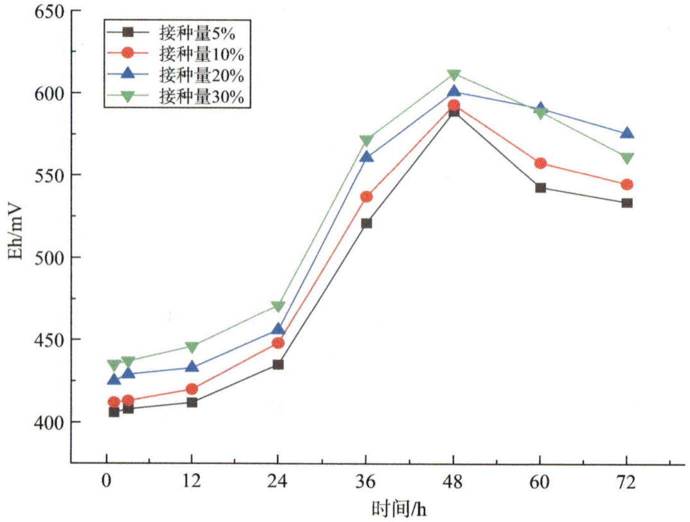

图 4.2　*A.f* 菌不同接种量条件下 Eh 随时间的变化

2）Fe^{3+}、Fe^{2+}浓度变化（见图 4.3）

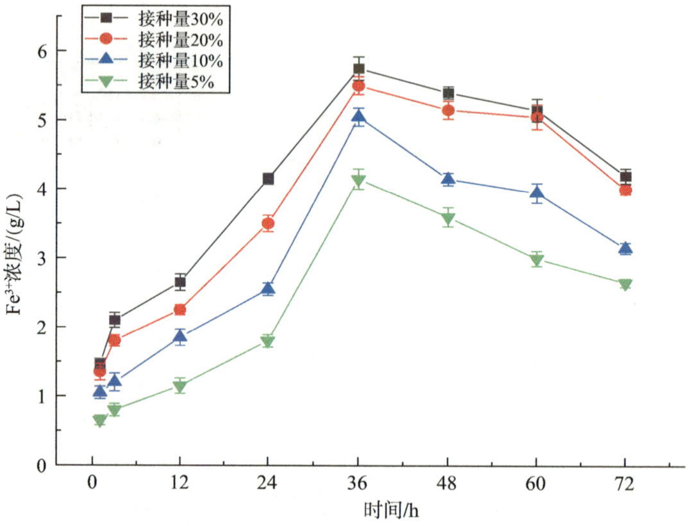

图 4.3　*A.f* 菌不同接种量条件下 Fe^{3+}浓度随时间的变化

从图 4.3 可看出，不同的接种量 Fe^{3+}也具有类似的变化趋势，先增加后减少，在 36 个小时达到峰值。接种量越高，Fe^{3+}在体系内含量也越高，越有利于铀的浸出。

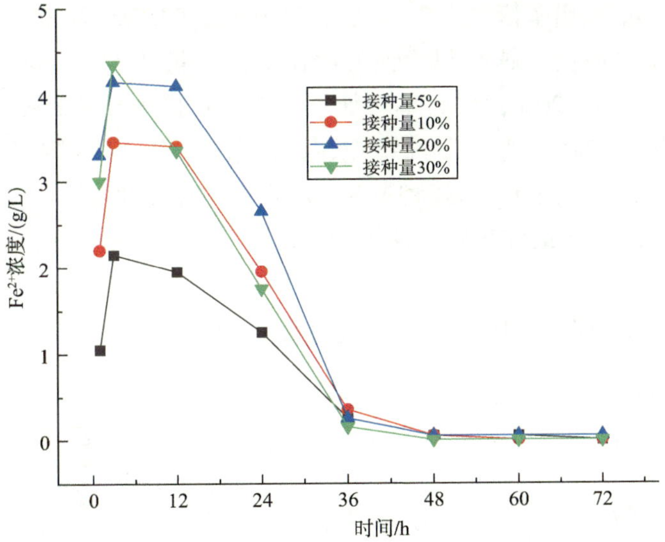

图 4.4　*A.f* 菌不同接种量条件下 Fe^{2+} 浓度随时间的变化

从图 4.4 可看出，不同的接种量时 Fe^{2+} 也具有类似的变化趋势，先增加后减少。Fe^{2+} 在前几个小时先增加是由于在 *A.f* 菌的作用下有铁的浸出；几个小时后 Fe^{2+} 的减少是由于 *A.f* 菌将 Fe^{2+} 氧化为 Fe^{3+}，因此 Fe^{3+} 在体系内不断增加，36 个小时后 Fe^{2+} 几乎在体系内消失，表明 *A.f* 菌得到大量的生长繁殖。

3）U 浓度变化

从图 4.5 可看出，*A.f* 菌接种量越高，铀的浸出率越高，接种量分别为 5%、10%、20% 及 30% 时铀的浸出浓度依次为 43.86 mg/L、47.98 mg/L、54.79 mg/L、53.99 mg/L

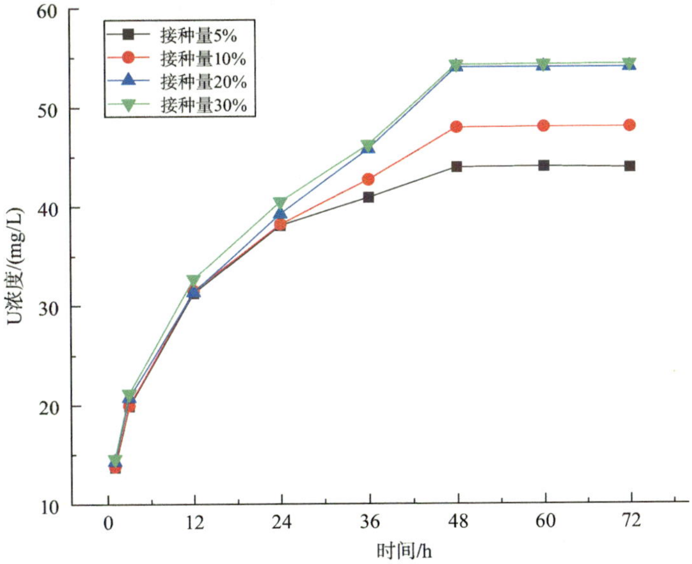

图 4.5　*A.f* 菌不同接种量条件下铀浓度随时间的变化

和 54.31 mg/L，铀的浸出率依次为 71.31%、78.02%、87.78%及 88.31%。因为接种量越高，体系内的 Fe^{3+} 越高，越有利于铀的浸出。接种量从 5%~10%，浸出率增加了 6.71%；接种量从 10%~20%，浸出率增加了 9.76%；接种量从20%~30%，浸出率只增加了 0.53%，因为过高的接种量导致体系内 Fe^{3+} 较高，更容易产生黄钾铁矾沉淀，影响铀的浸出。因此，20%的 *A.f* 菌接种量为 745 铀矿最佳接种量。

（2）*A.f* 菌与 *A.m* 菌最佳初始接种比

1）pH、Eh 变化

不同细菌接种量条件下 pH、Eh 随时间的变化如图 4.6~图 4.7 所示。

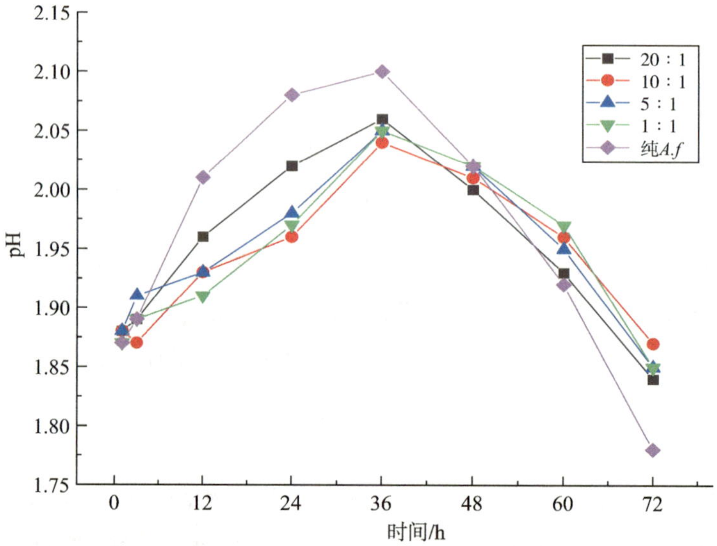

图 4.6　*A.f* 菌与 *A.m* 菌不同初始接种比条件下 pH 随时间的变化

从图 4.6 可看出，前 36 个小时 *A.f* 菌与 *A.m* 菌从 20：1 到 1：1 菌组比纯 *A.f* 菌组明显改善了体系内的酸性环境，*A.m* 菌的加入为铀的浸出创造了更好的环境，而且 *A.f* 菌与 *A.m* 菌为 10：1 时 pH 较低。加入 *A.m* 菌后的后 36 个小时 pH 下降更缓，因为加入 *A.m* 菌后体系内产生的黄钾铁矾更少，纯 *A.f* 菌组产生的黄钾铁矾更多，产生了更多的 H^+ 离子。

从图 4.7 可看出，在浸出 12~36 小时，*A.f* 菌与 *A.m* 菌从 20：1 到 1：1 菌组比纯 *A.f* 菌组 Eh 更高，因为 *A.m* 菌的加入改善了氧化环境，更有利于铀的浸出。

2）Fe^{3+}、Fe^{2+}浓度变化

从图 4.8 可看出，加入 *A.m* 菌后，体系内 Fe^{3+} 相比纯 *A.m* 菌组浓度更高，加入的 *A.m* 菌越多，Fe^{3+}浓度也越高，但 *A.f* 菌与 *A.m* 菌比从 5：1 到 1：1，体系内 Fe^{3+}浓度变化不明显。

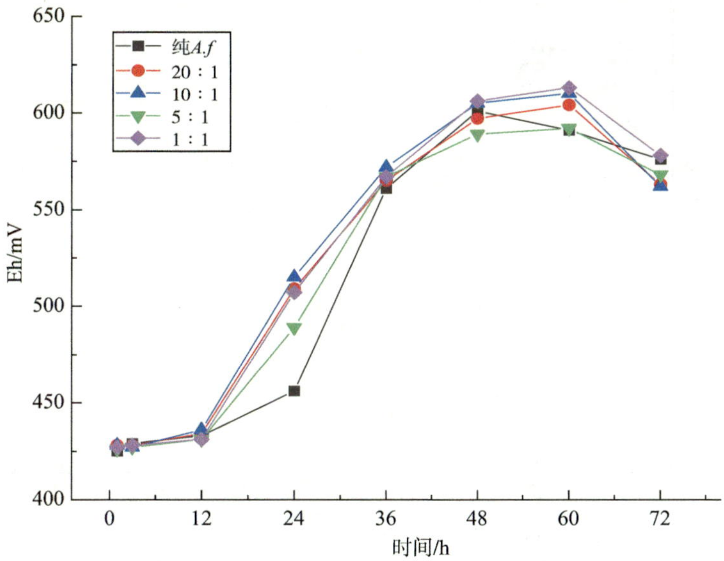

图 4.7　*A.f* 菌与 *A.m* 菌不同初始接种比条件下 Eh 随时间的变化

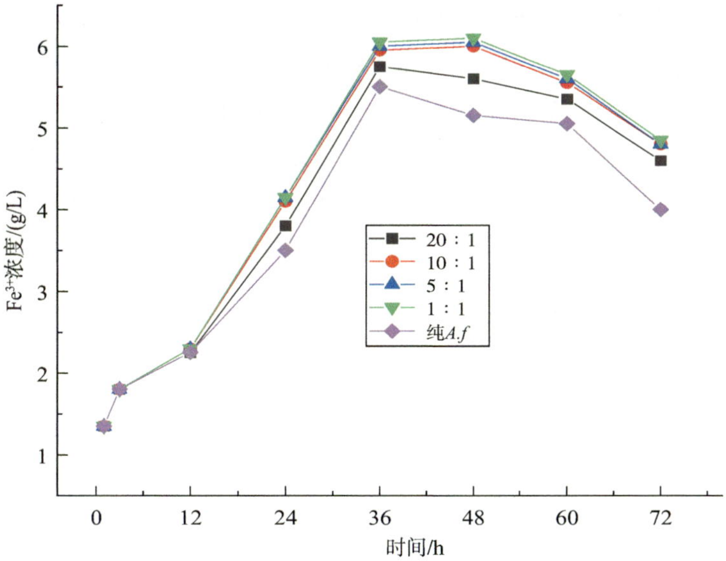

图 4.8　*A.f* 菌与 *A.m* 菌不同初始接种比条件下 Fe^{3+} 浓度随时间的变化

从图 4.9 可看出，加入 *A.m* 菌后，体系内 Fe^{2+} 浓度相比纯 *A.f* 菌组浓度更高，而且加入的 *A.m* 菌越多，Fe^{2+} 浓度也越高，说明 *A.m* 菌有助于 *A.f* 菌对于铁的浸出，有利于促进 *A.f* 菌的生长，*A.f* 菌与 *A.m* 菌为 10 : 1 时 Fe^{2+} 浓度相对较高。

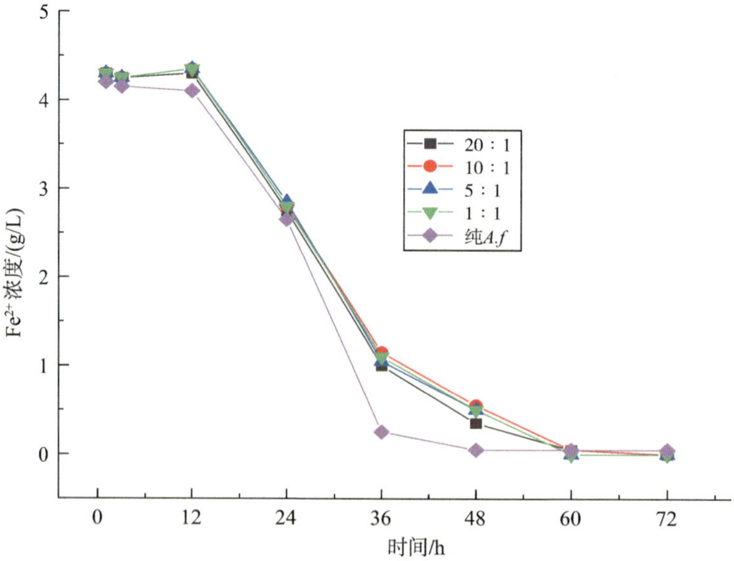

图 4.9　*A.f* 菌与 *A.m* 菌不同初始接种比条件下 Fe^{2+} 浓度随时间的变化

3）U 浓度变化

从图 4.10 可看出，加入 *A.m* 菌后，铀的浸出率得到提高，纯 *A.f* 菌组铀的浸出率为 87.78%（浸出浓度为 53.98 mg/L），*A.f* 菌与 *A.m* 菌为 20：1 组铀的浸出率为 95.35%，10：1 组为 98.02%，5：1 组为 98.08%，1：1 组为 98.15%，因此加入 *A.m* 菌有助于铀的浸出。与 *A.f* 菌与 *A.m* 菌为 20：1 相比 10：1 组、5：1 组和 1：1 组的铀浸出率分别比其高出 2.85%、0.06%及 0.07%，*A.f* 菌与 *A.m* 菌比为 5：1 和1：1组铀的浸出率增加较少，因此综合 pH、Eh、Fe^{3+}、Fe^{2+}浓度及铀的浸出率，*A.f* 菌与 *A.m* 菌比为 10：1 是最佳初始接种比。

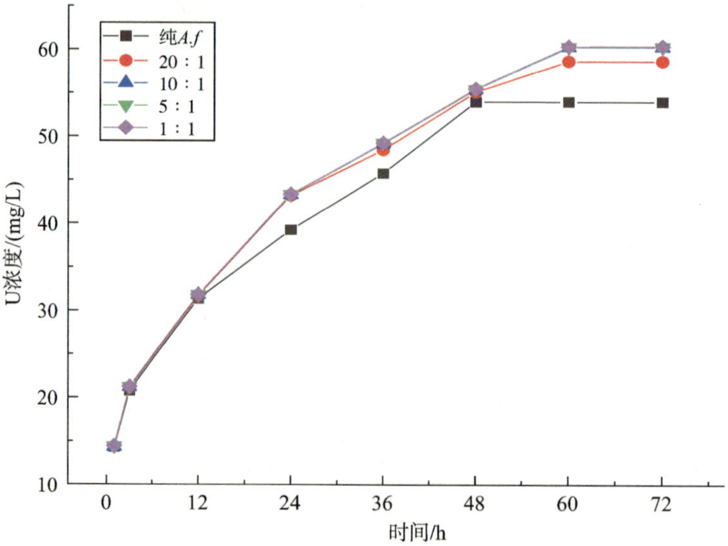

图 4.10　*A.f* 菌与 *A.m* 菌不同初始接种比条件下铀浓度随时间的变化

（3）*A.f* 菌、*A. m* 菌协同浸铀的初始最佳生长 pH

1）pH、Eh 变化

从图 4.11 可看出，初始 pH 为 1.4，体系内 pH 变化不大；初始 pH 为 1.6，体系内 pH 均小于 2.0；初始 pH 为 1.8，体系内 pH 在 2.0 左右；初始 pH 为 2.0、2.2，体系内 pH 均大于 2.0。

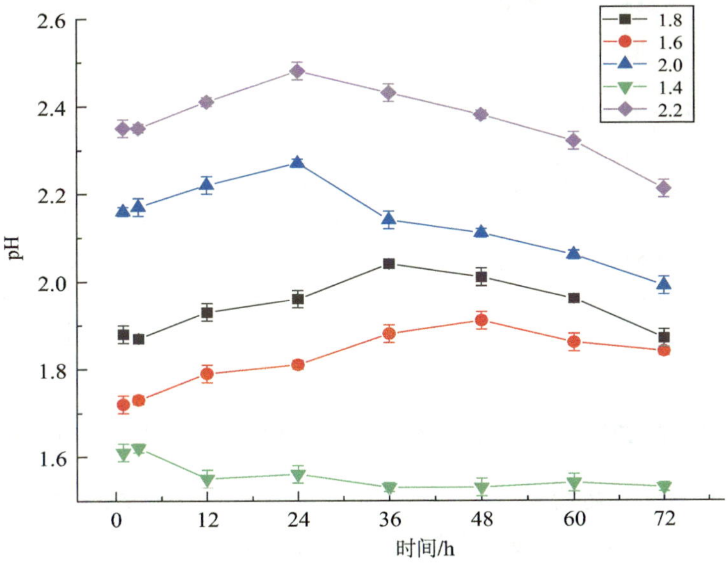

图 4.11　*A.f* 菌与 *A. m* 菌协同浸铀不同初始 pH 条件下 pH 随时间的变化

从图 4.12 可看出，初始 pH 为 1.4，Eh 变化不大，因为 Fe^{3+}/Fe^{2+} 变化不大；初始 pH 为 1.8，Eh 较高而且高 Eh 持续时间较长；初始 pH 为 2.0、2.2，高 Eh 持续时间较短。

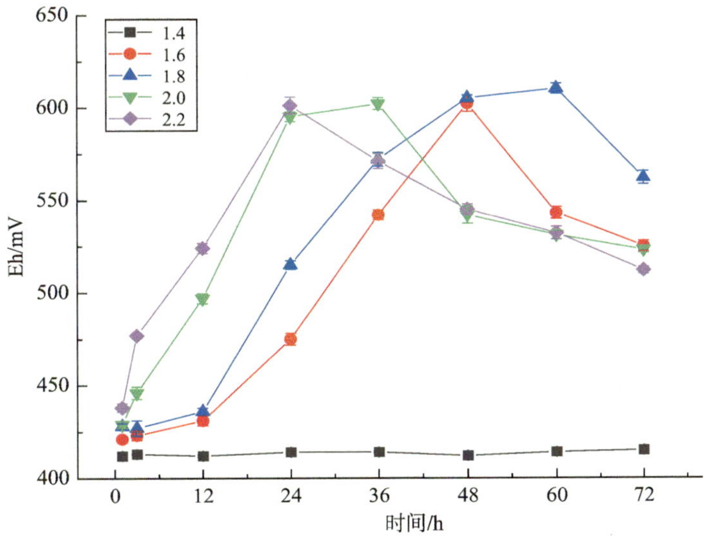

图 4.12　*A.f* 菌与 *A. m* 菌协同浸铀不同初始 pH 条件下 Eh 随时间的变化

2）Fe^{2+}和Fe^{3+}浓度的变化

汇总Fe^{2+}和Fe^{3+}的试验数据，绘制成如图 4.13 所示。

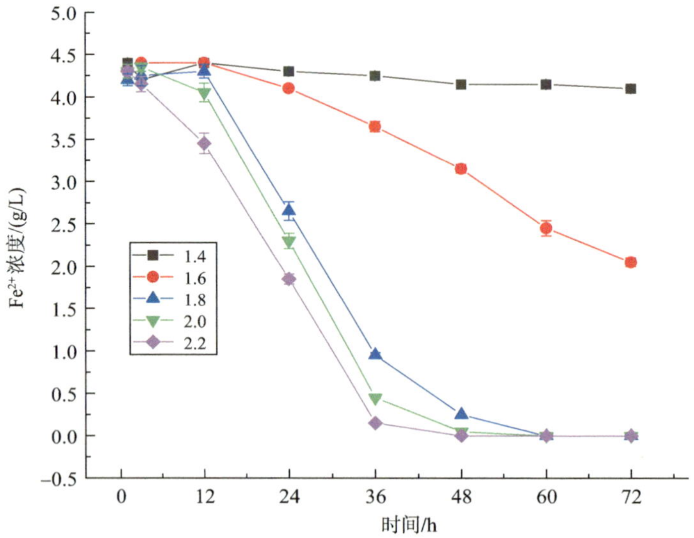

图 4.13　*A.f* 菌与 *A.m* 菌协同浸铀不同初始 pH 条件下Fe^{2+}浓度随时间的变化

从图 4.13 可看出，初始 pH 为 1.4，Fe^{2+}变化不大，说明过低的酸性环境致使微生物得不到生长或失去活性。初始 pH 越大Fe^{2+}浓度越低，说明体系内黄钾铁矾产生过多，黄钾铁矾越多，更多Fe^{2+}转化成Fe^{3+}，Fe^{2+}浓度就更低。由图 4.13 可知，初始 pH 为 2.0 和 2.2，体系内 pH 大于 2.0，更容易产生黄钾铁矾；初始 pH 为 1.8，体系内 36 小时后 pH 才刚大于 2.0，因此初始 pH 为 1.8 更佳。

从图 4.14 可看出，初始 pH 为 1.4，Fe^{3+}变化不大且浓度较低；初始 pH 为 1.8，Fe^{3+}浓度最大，最有利于铀的浸出。初始 pH 为 2.0 和 2.2，最后Fe^{3+}浓度较低，说明体

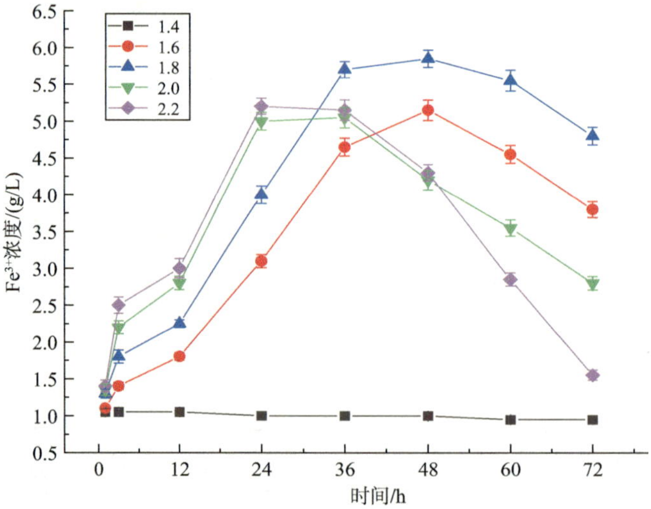

图 4.14　*A.f* 菌与 *A.m* 菌协同浸铀不同初始 pH 条件下Fe^{3+}浓度随时间的变化

系内 pH 大于 2.0 更容易产生黄钾铁矾。

3）U 浓度变化

从图 4.15 可看出，初始 pH 为 1.4 时很难浸出不溶性的铀，这与图 4.11、图 4.13 和图 4.14 得出的结论基本一致，因为低 pH 影响 *A.f* 菌的活性；初始 pH 为 1.6，铀的浸出率为 69.54%（铀的浸出浓度为 42.77 mg/L）；初始 pH 为 1.8 时，铀的浸出率为 97.98%；初始 pH 为 2.0 时，铀的浸出率为 84.2%；初始 pH 为 2.2 时，铀的浸出率为 62.1%。因此初始 pH 为 1.8 是 *A.f* 菌、*A. m* 菌协同浸铀的最佳生长初始 pH。

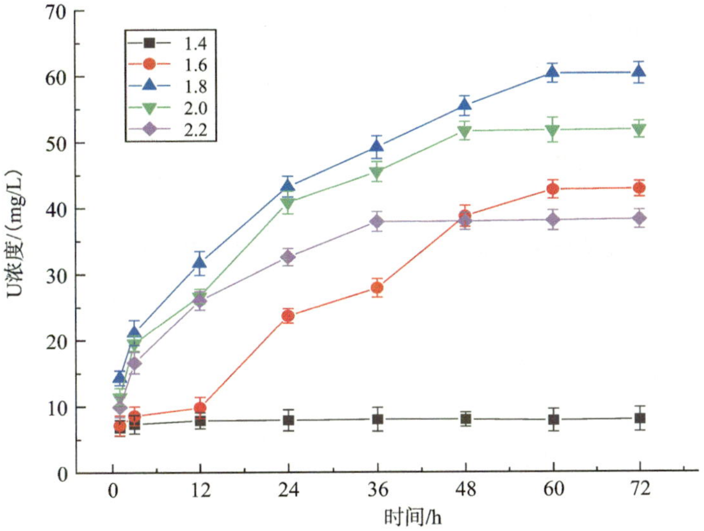

图 4.15　*A.f* 菌与 *A. m* 菌协同浸铀不同初始 pH 条件下铀浓度随时间的变化

（4）*A.f* 菌与 *A. m* 菌协同浸铀的最佳生长温度

1）Fe^{2+}和 Fe^{3+}浓度的变化

汇总 Fe^{2+}和 Fe^{3+}的试验数据，绘制成如图 4.16、图 4.17 所示。

从图 4.16、图 4.17 可看出，温度在 15～30 ℃之间，温度越高，Fe^{2+}在体系内浓度越低，Fe^{3+}在体系内浓度越高，说明温度越低，微生物活性越低；35 ℃时的 Fe^{2+}没有 30 ℃时的 Fe^{2+}浓度低，温度过高，微生物活性也就会降低。所以，30 ℃是微生物最适合的生长温度。

2）U 浓度变化

从图 4.18 可看出，温度分别为 15、20、25、30 ℃和 35 ℃时，铀的浸出浓度依次为 23.96 mg/L、44.90 mg/L、54.79 mg/L、60.27 mg/L 和 55.79 mg/L，铀的浸出率依次为 39.01%、73.01%、89.09%、98.00%和 90.72%。体系内温度为 30 ℃时，铀的浸出率最高，因此温度为 30 ℃是 *A.f* 菌、*A. m* 菌协同浸铀的最佳生长温度值。

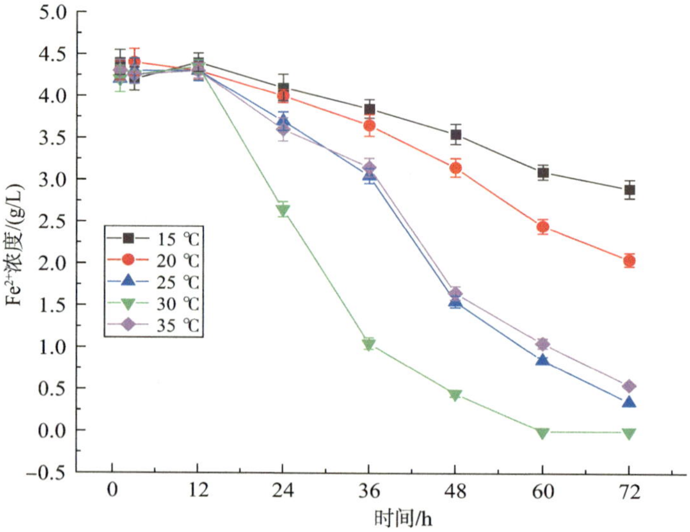

图 4.16　*A.f* 菌与 *A.m* 菌协同浸铀不同温度条件下 Fe^{2+}浓度随时间的变化

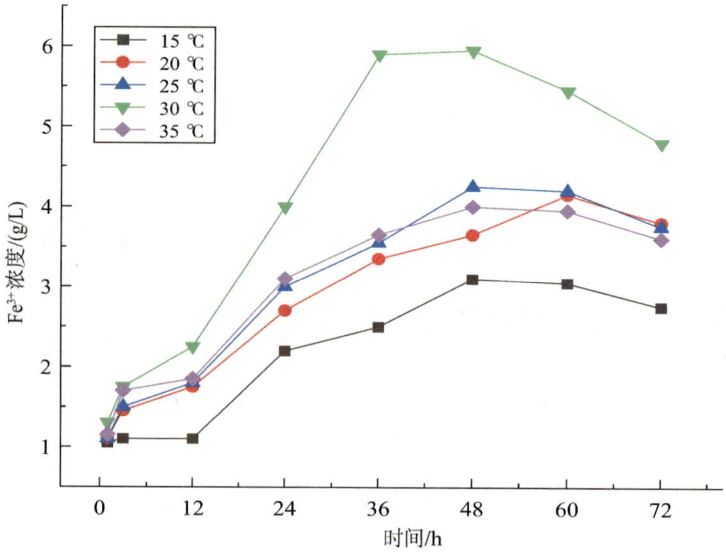

图 4.17　*A.f* 菌与 *A.m* 菌协同浸铀不同温度条件下 Fe^{3+}浓度随时间的变化

（5）*A.f* 菌与 *A.m* 菌协同浸铀的最佳矿浆浓度

1）pH、Eh 变化

从图 4.19 可看出，矿浆浓度越大，pH 越大，因为矿浆浓度越大，含碱性物质就越高，耗酸就越大；矿浆浓度为 20%时，在 24 h 后，pH 降低的速度超过了其他矿浆浓度，因为前 24 个小时的高 pH 使体系内产生了大量的黄钾铁矾沉淀，体系内酸性不断增加。矿浆浓度超过 5%时，体系内 pH 几乎都大于 2.0，不利于铀的浸出。

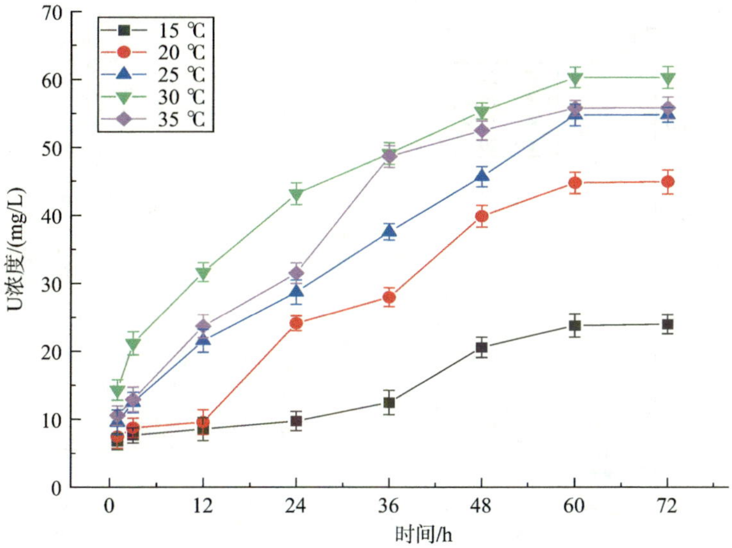

图 4.18　*A.f* 菌与 *A.m* 菌协同浸铀不同温度条件下铀浓度随时间的变化

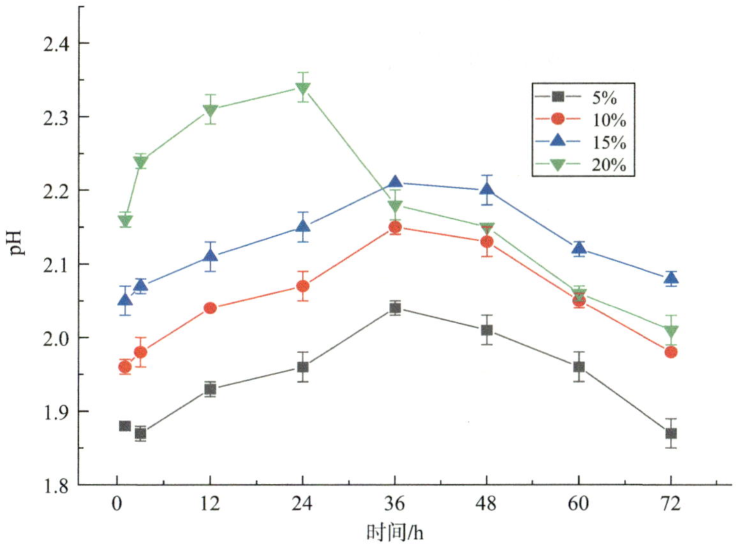

图 4.19　*A.f* 菌与 *A.m* 菌协同浸铀不同矿浆浓度条件下 pH 随时间的变化

从图 4.20 可看出，矿浆浓度越大，Eh 越低，越不利于铀的浸出。

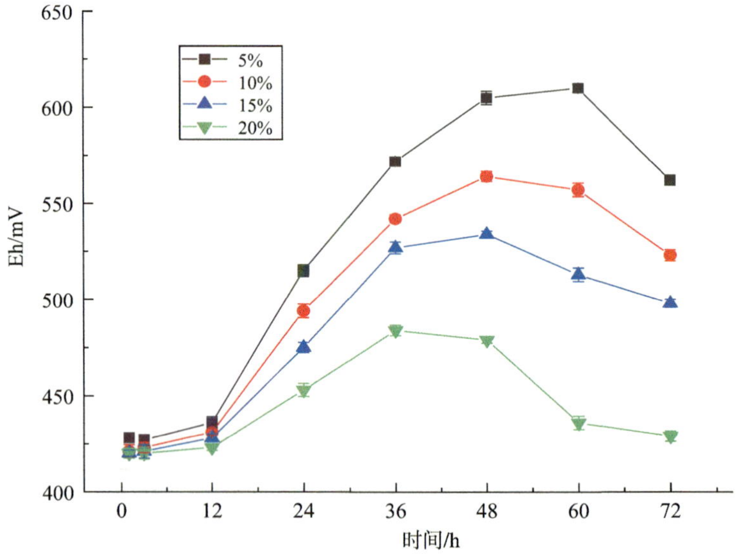

图 4.20　*A.f* 菌与 *A.m* 菌协同浸铀不同矿浆浓度条件下 Eh 随时间的变化

2）Fe^{2+}和 Fe^{3+}浓度的变化

汇总 Fe^{2+}和 Fe^{3+}的试验数据，绘制成如图 4.21、图 4.22 所示。

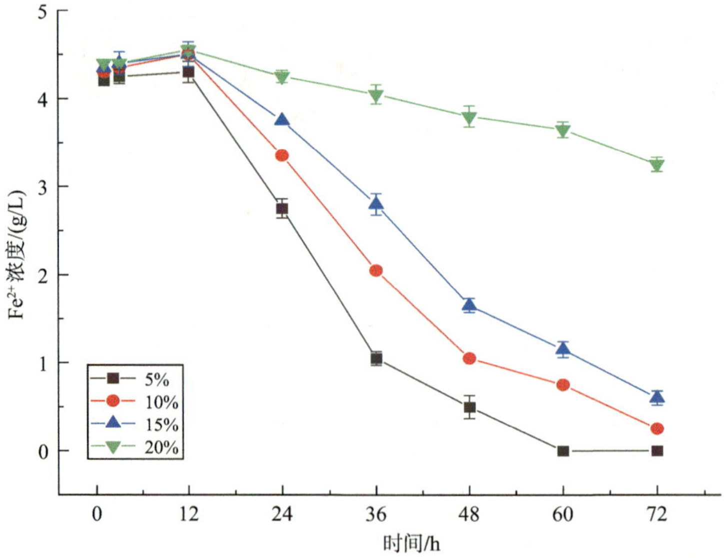

图 4.21　*A.f* 菌与 *A.m* 菌协同浸铀不同矿浆浓度条件下 Fe^{2+}浓度随时间的变化

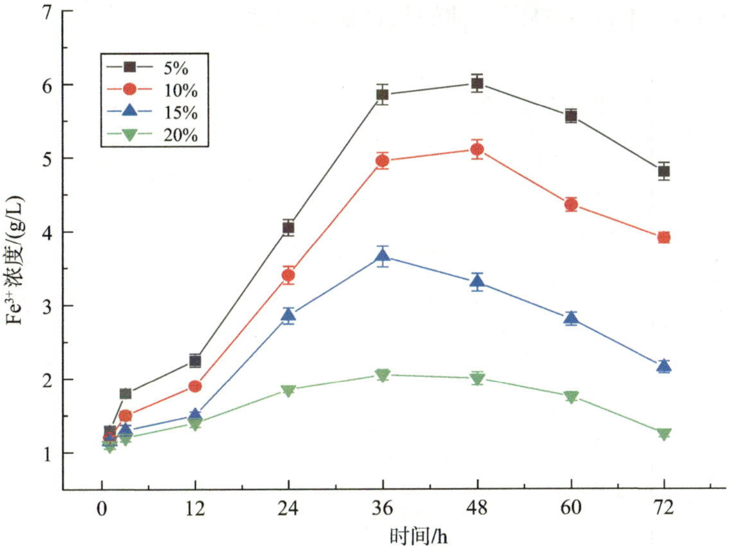

图 4.22　A.f 菌与 A.m 菌协同浸铀不同矿浆浓度条件下 Fe^{3+} 浓度随时间的变化

从图 4.21、图 4.22 可看出，矿浆浓度越高，Fe^{2+} 在体系内浓度越高，Fe^{3+} 在体系内浓度越低，越不利于铀的浸出；矿浆浓度为 20%时，Fe^{2+} 在体系内浓度较高。因此高矿浆浓度，不利于微生物的生长。

3）U 浓度变化

从图 4.23、图 4.24 可看出，矿浆浓度分别为 5%、10%、15%和 20%时，铀的浸出浓度依次为 60.28 mg/L、111.73 mg/L、150.58 mg/L 和 165.78 mg/L，铀的浸出率依次为 98.00%、90.84%、81.62%和 67.39%。矿浆浓度为 5%，铀的浸出率最高，因此矿

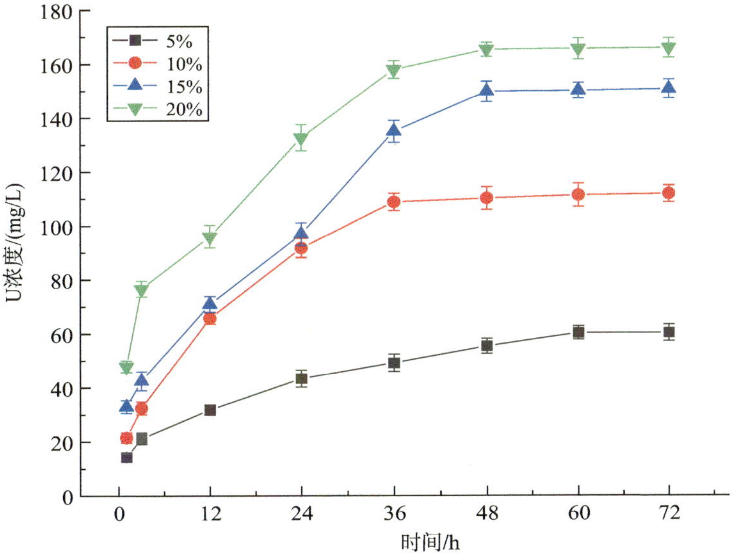

图 4.23　A.f 菌与 A.m 菌协同浸铀不同矿浆浓度条件下铀浓度随时间的变化

浆浓度为 5%是 *A. f*、*A. m* 菌协同浸铀的最佳矿浆浓度。

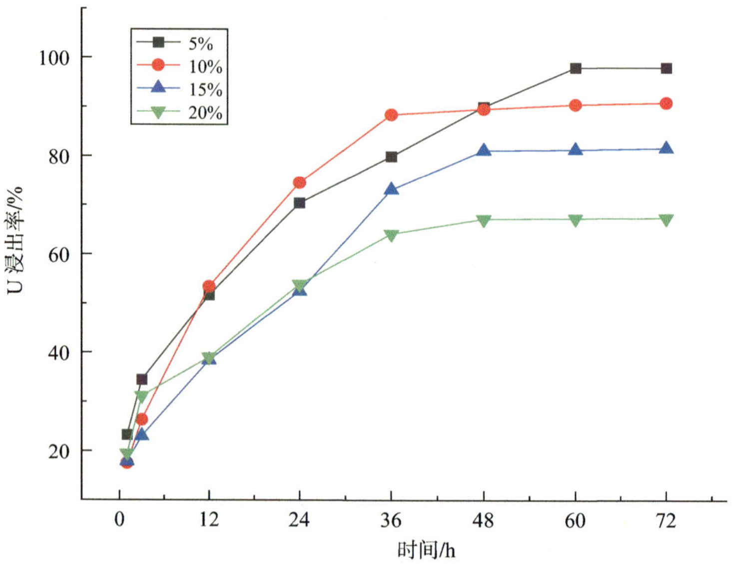

图 4.24　*A. f* 菌与 *A. m* 菌协同浸铀不同矿浆浓度条件下铀浸出率随时间的变化

（6）*A. f* 菌与 *A. m* 菌协同浸铀的最佳 Fe^{2+}浓度

1）pH、Eh 变化

从图 4.25 可看出，不同的初始 Fe^{2+}浓度 pH 具有类似的变化趋势，都是先增加后减少。Fe^{2+}浓度越高，pH 越小，越有利于铀的浸出。

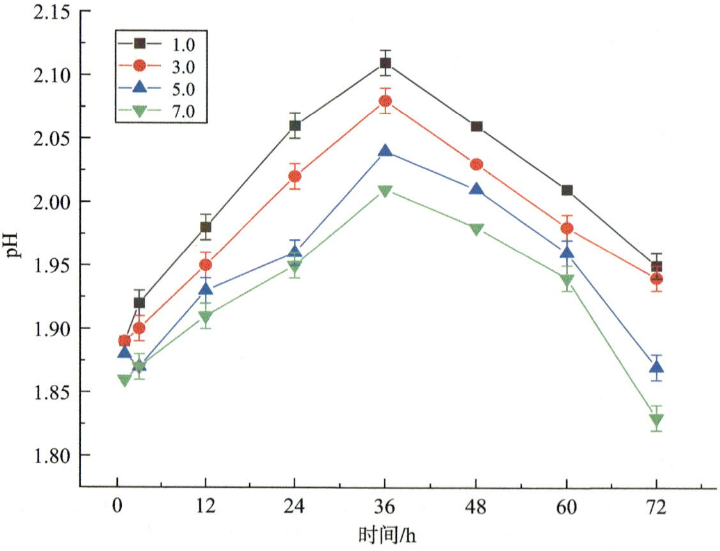

图 4.25　*A. f* 菌与 *A. m* 菌协同浸铀不同 Fe^{2+}浓度条件下 pH 随时间的变化

从图 4.26 可看出，不同的初始 Fe^{2+} 浓度，Eh 具有不同的变化趋势，Fe^{2+} 浓度为 5 g/L和 7 g/L 时，前 12 个小时 Eh 变化不大，12 个小时后 Eh 增长较快，前 24 个小时 Eh 总体更小，因为 Fe^{2+} 初始浓度更大；24 小时后，Fe^{2+} 浓度为 5 g/L 和 7g/L 比 Fe^{2+} 浓度为 1 g/L、3 g/LEh 更大，因为高浓度的 Fe^{2+} 使得 *A.f* 菌得到大量的生长繁殖，将 Fe^{2+} 转化为 Fe^{3+}，更加有利于铀的浸出。

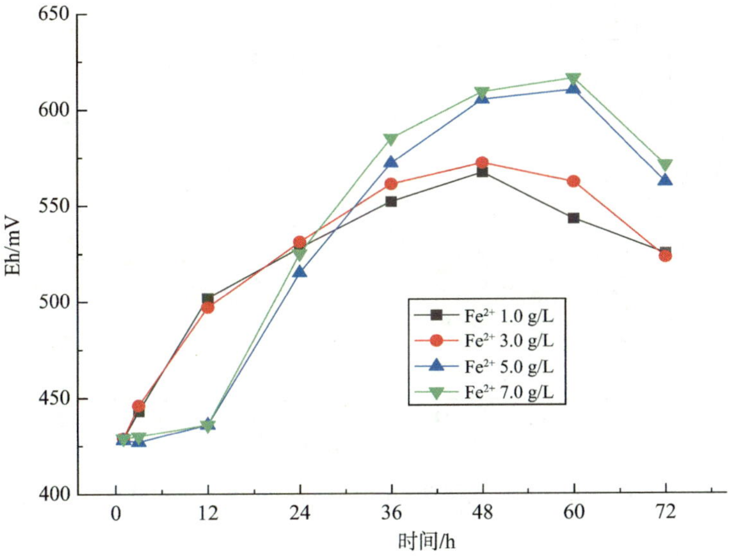

图 4.26 *A.f* 菌与 *A.m* 菌协同浸铀不同 Fe^{2+} 浓度条件下 Eh 随时间的变化

2）Fe^{2+} 和 Fe^{3+} 浓度的变化

汇总 Fe^{2+} 和 Fe^{3+} 的试验数据，绘制成如图 4.27 所示。

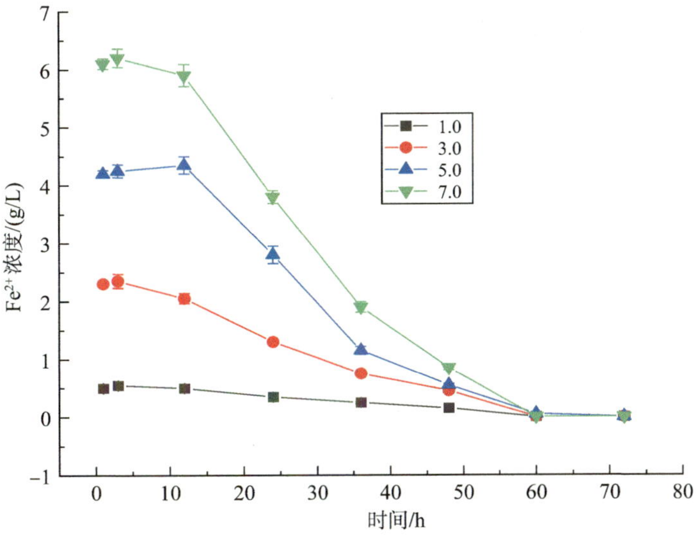

图 4.27 *A.f* 菌与 *A.m* 菌协同浸铀不同 Fe^{2+} 浓度条件下 Fe^{2+} 浓度随时间的变化

从图 4.27 可看出，不同的初始 Fe^{2+}浓度在 *A.f* 菌作用下体系内 Fe^{2+}浓度逐渐降低，都在 60 个小时左右趋于 0，Fe^{2+}全部转化为 Fe^{3+}。

从图 4.28 表明，初始 Fe^{2+}浓度越高，体系内 Fe^{3+}浓度也越高，越有利于铀的浸出。

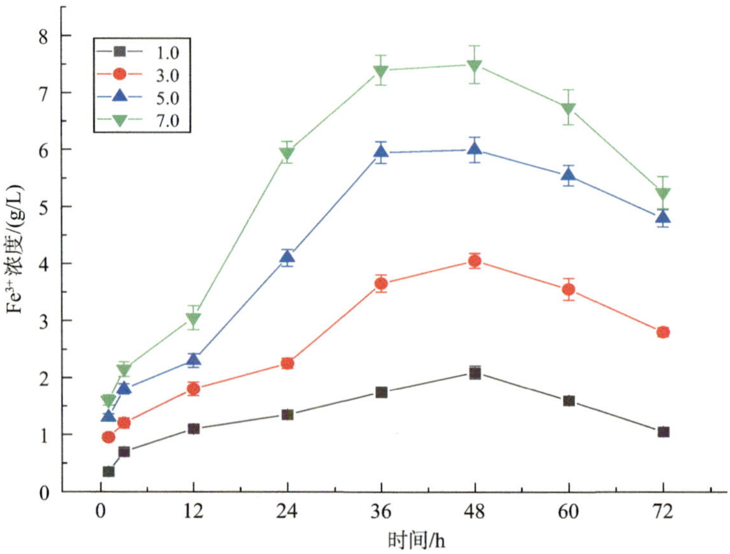

图 4.28　*A.f* 菌与 *A.m* 菌协同浸铀不同 Fe^{2+}浓度条件下 Fe^{3+}浓度随时间的变化

3）U 浓度变化

从图 4.29 可看出，Fe^{2+}浓度分别为 1、3、5 g/L 和 7 g/L 时，铀的浸出浓度依次为 52.57、55.24、60.28 mg/L 和 59.31 mg/L，铀的浸出率依次为 85.48%、89.82%、98.01%和 96.44%。Fe^{2+}浓度为 7 g/L 时铀的浸出率比 Fe^{2+}浓度为 5 g/L 低 1.57%，因

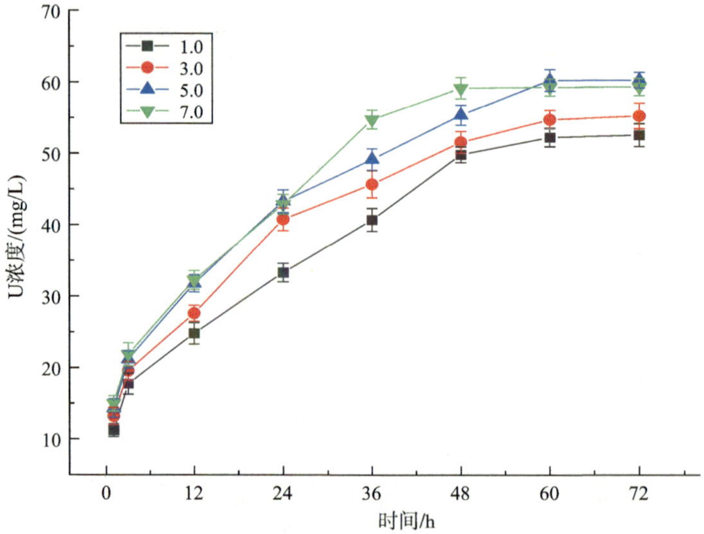

图 4.29　*A.f* 菌与 *A.m* 菌协同浸铀不同 Fe^{2+}浓度条件下铀浓度随时间的变化

为过高的 Fe^{2+}浓度产生了大量的 Fe^{3+}，容易产生铁沉淀，覆盖在铀矿石的表面，进而影响铀的浸出。因此 Fe^{2+}浓度为 5 g/L 是 *A.f* 菌与 *A. m* 菌协同浸铀的最佳 Fe^{2+}浓度。

4.2 生物浸铀中 *A.f* 与 *A.m* 微生物系统具有耗散结构的试验

本节采用 4.1 节的最佳外在环境条件，即在初始 pH 为 1.8、温度为 30 ℃、矿浆浓度均为 5%（m/v）、Fe^{2+}浓度为 5 g/L 的环境条件下进行生物浸铀试验，验证生物浸铀中 *A.f* 与 *A. m* 微生物系统是否具有耗散结构。除微生物菌密度外，其余试验数据均来自 4.1 节。另外，细菌计数采用 MPN 方法[166]。

4.2.1 *A.f* 菌与 *A. m* 菌协同浸铀中 pH、Eh 变化情况

A.f 菌与 *A. m* 菌协同浸铀中 pH、Eh 变化情况如图 4.30 所示。

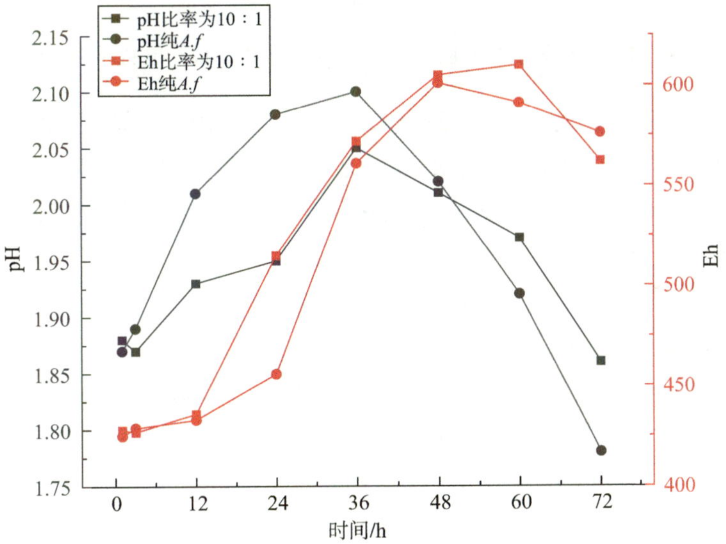

图 4.30 *A.f* 与 *A. m* 为 10：1 浸出过程中 pH、Eh 变化情况

从图 4.30 可反映体系内加入 *A. m* 菌后，pH 到 36 个小时后才大于 2.0，明显改善了体系内的酸性环境条件。系内的 pH 降低了可延长并减少黄甲铁矾的产生。

4.2.2 *A.f* 菌与 *A. m* 菌协同浸铀中总 Fe、Fe^{2+}和 Fe^{3+}的变化情况

A.f 菌与 *A. m* 菌协同浸铀中总 Fe、Fe^{2+}和 Fe^{3+}的变化情况如图 4.31 所示。

从图 4.31 可得，*A.f* 菌与 *A. m* 菌为 10：1 菌组总铁到 36 个小时才开始下降，而纯 *A.f* 菌组中总铁在 12 个小时就开始下降，说明体系内加入 *A. m* 菌后矿物中铁的浸出率得到提高，这为铀的浸出创造了较好的条件。

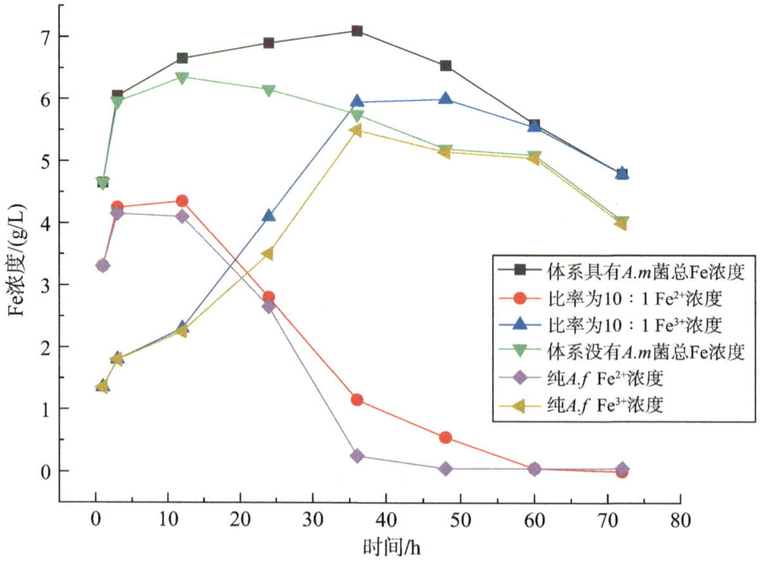

图 4.31　*A.f* 菌与 *A.m* 菌为 10：1 浸出总 Fe、Fe^{2+}和 Fe^{3+}的变化

从图 4.31 还可看出，前 12 个小时，*A.f* 与 *A.m* 为 10：1 菌组 Fe^{2+}浓度与纯 *A.f* 菌组变化规律相似，原因在于 *A.f* 菌与 *A.m* 菌还处在初期的适应阶段。从第 12 个小时开始，*A.f* 与 *A.m* 为 10：1 菌组的 Fe^{2+}浓度相比纯 *A.f* 菌组下降得更慢，*A.f* 与 *A.m* 为 10：1 菌组中 Fe^{2+}到 60 个小时才在体系中消失，而纯 *A.f* 菌组中 Fe^{2+} 36 个小时就在体系中基本消失，即加入 *A.m* 菌后，Fe^{2+}的氧化性减慢了。

上述试验结果，有两种可能：

1）*A.f* 菌与 *A.m* 菌为竞争关系，加入 *A.m* 菌后，限制了 *A.f* 菌的生长繁殖，使得 Fe^{2+}浓度在 12~60 个小时相比纯 *A.f* 菌中的 Fe^{2+}浓度下降得更慢，但通过 Fe^{3+}浓度数据可得，加入 *A.m* 菌后，Fe^{3+}浓度在 12~60 个小时高于纯 *A.f* 菌的 Fe^{3+}浓度，说明加入 *A.m* 菌后，促进了 *A.f* 菌的生长繁殖，因此这种可能性不存在。

2）加入 *A.m* 菌后，Fe^{2+}的氧化性之所以减慢是因为 *A.m* 菌具有 Fe^{2+}的还原性，即在 *A.m* 菌的作用下，Fe^{3+}不断转化为 Fe^{2+}，使得 Fe^{2+}的氧化性减慢了，本书 2.3.4 节的也表明了 *A.m* 菌具有 Fe^{2+}的还原性。加入 *A.m* 菌后，体系内不断产生 Fe^{2+}，从而使得 *A.f* 菌获得了更多的能源物质，促进了 *A.f* 菌的生长繁殖，因此 *A.f* 菌与 *A.m* 菌为互利生长（协同促进）关系。通过上述 Fe^{2+}试验数据，可表征 *A.f* 与 *A.m* 为10：1菌组中第 12~60 个小时是 *A.f* 菌生长的对数与稳定期，说明加入 *A.m* 菌后，延长了 *A.f* 菌生长的对数与稳定期。

4.2.3　铀的浸出结果

本次 745 铀矿铀的浸出结果如图 4.32 所示。

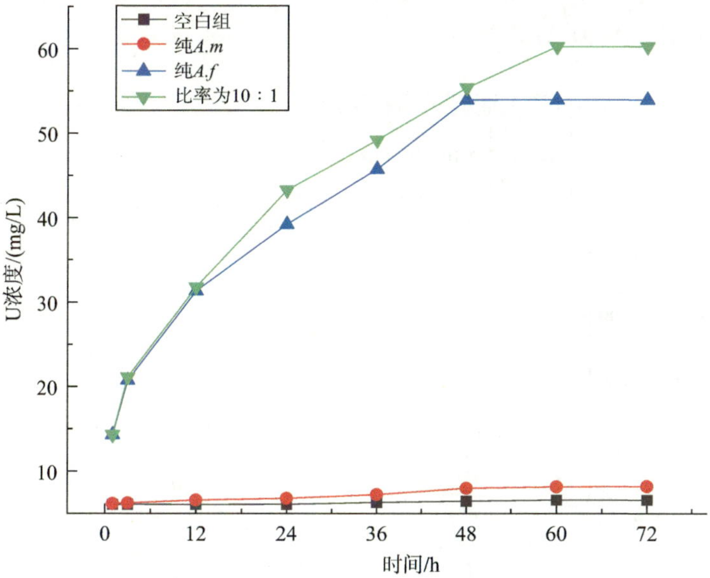

图 4.32　铀浸出浓度变化曲线

从图 4.32 可看出，无菌对照组铀浸出结果变化不大，只能浸出可溶性的铀；纯 *A. m* 菌组也比较难浸出铀；纯 *A.f* 菌组在 48 小时内铀基本浸出完成，铀的浸出浓度为，浸出率达 87.75%（铀的浸出浓度为 53.99 mg/L）；*A.f* 与 *A. m* 为 10：1 菌组 12 小时以前与纯 *A.f* 菌组浸出结果相差不大，但 12 小时后 *A.f* 与 *A. m* 为 10：1 菌组铀的浸出加快，在 60 小时铀基本浸出完成，浸出率高达 98%（铀的浸出浓度为 60.27 mg/L），因为 *A. m* 菌的铁还原作用协同 *A.f* 菌铁氧化作用，促进浸出体系中铁元素循环，提高了铀的浸出效率。还有一点需指出，*A. m* 菌与铀的浸出似乎会产生竞争作用（争夺消耗 Fe^{3+}），但铀的浸出主要靠进入铀矿石里面的 Fe^{3+} 以及铀矿石表面 EPS 内的 Fe^{3+}，*A. m* 菌主要以液体中的 Fe^{3+} 为能源物质进行异养生长，所以两者产生的竞争很小。

4.2.4　生物浸铀中 *A.f* 菌与 *A. m* 菌生长情况

试验结果如图 4.33 所示。从纯 *A.f* 菌组试验可看出，12 个小时到 36 个小时是 *A.f* 菌生长的对数期，36~48 小时维持稳定期，48 小时后 *A.f* 菌密度开始减少，纯 *A.f* 菌组 Fe^{2+} 浓度密切相关，也与其自身因素有关，前 36 个小时 *A.f* 菌生长较快，与此同时自身产生的有机物也较多。因此，第 36~48 小时由于自身产生的有机物阻碍了自身的繁殖，故其生长较为缓慢。从 *A.f* 与 *A. m* 为 10：1 菌组试验可看出，第 12 小时后 *A. m* 菌以 *A.f* 菌产生的有机物为能源进行繁殖生长，帮助 *A.f* 菌解除了有机物限制自身生长的因素，促进了 *A.f* 菌的生长繁殖，延长了 *A.f* 菌的浸矿时间，*A.f* 菌的菌密度直到 60 个小时达到最大值，最大值是纯 *A.f* 菌组的 2.3 倍。*A.f* 菌的快速繁殖，进一步产生了大量的有机物，又促进了 *A.m* 菌的生长繁殖，*A. m* 菌与 *A.f* 菌具有相似的变化趋势。因此 *A.f* 菌与

A. m 菌是协同促进关系，提升了铀矿的生物浸出效率，*A.f* 菌与 *A. m* 菌为 10∶1 菌组铀的浸出效率比纯 *A.f* 菌组高出 10.25%。

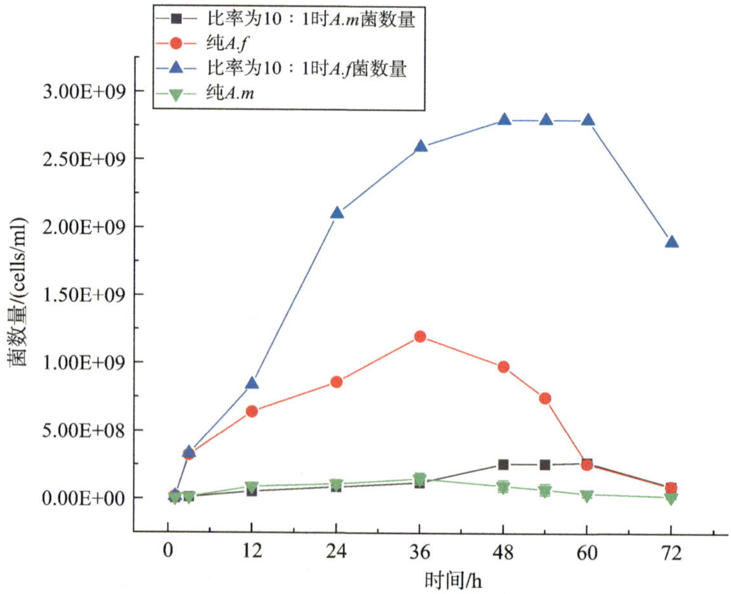

图 4.33　*A.f* 菌与 *A. m* 菌 10∶1 混合生长曲线

从图 4.33*A.f* 菌与 *A. m* 菌生长曲线还可看出，*A.f* 菌与 *A. m* 菌在生物浸铀体系内为非线性关系；在混合浸出第 48～60 个小时，*A.f* 菌密度稳定在 2.8×10^9 个/毫升左右，*A. m* 菌密度稳定在 2.6×10^8 个/毫升左右，该两种菌密度就是 3.2.3 节中的 $x^* = (k-d)/\beta$，因此 *A.f* 菌与 *A. m* 菌群显然是远离了平衡态。铀矿生物浸出中 *A.f* 菌与 *A. m* 菌群在初始 pH 为 1.8、温度为 30 ℃、矿浆浓度为 5%、Fe^{2+}浓度为 5 g/L 的最佳环境条件下，通过涨落使得 *A.f* 菌与 *A. m* 菌群慢慢远离了平衡态，到达耗散结构。

通过上述试验结果可得知，铀矿生物浸出过程中 *A.f* 菌与 *A. m* 菌为协同促进关系且两者存在稳定的菌密度，这是一种自组织现象。因此从试验角度也验证了铀矿生物浸出中 *A.f* 与 *A. m* 微生物系统具有耗散结构。

4.3　小结

1）研究了 745 铀矿生物浸出中 *A.f* 菌与 *A. m* 菌协同作用的最佳外在环境条件。通过测定 pH、Eh、铁离子及铀浓度变化，综合比选确定了 *A.f* 菌最佳接种量为 20%、*A.f* 菌与 *A. m* 菌最佳初始接种比为 10∶1、*A.f* 菌与 *A. m* 菌协同浸铀最佳生长的初始 pH 为 1.8、*A.f* 菌与 *A. m* 菌协同浸铀的最佳生长温度值为 30 ℃、*A.f* 菌与 *A. m* 菌协同浸铀的最佳矿浆浓度为 5%及 *A.f* 菌与 *A. m* 菌协同浸铀的最佳 Fe^{2+}浓度为5 g/L。

2）通过生物浸出试验验证了铀矿生物浸出中 *A.f* 与 *A. m* 微生物系统具有耗散结

构。以745铀矿为材料的生物浸出中，*A.f* 菌与 *A. m* 菌群在初始 pH 为 1.8、温度为 30 ℃、矿浆浓度为5%、Fe^{2+}浓度为5 g/L等的最佳环境条件下，其相互生长为非线性关系，在混合浸出第48~60个小时，*A.f* 菌密度稳定在 2.8×10^9 个/毫升左右，*A. m* 菌密度稳定在 2.6×10^8 个/毫升左右，因此 *A.f* 菌与 *A. m* 菌群显然是远离了平衡态，通过涨落，到达耗散结构状态。*A.f* 菌与 *A. m* 菌为 10：1 菌组中铀的浸出效率比纯 *A.f* 菌组高出 10.25%，表明 *A.f* 菌与 *A. m* 菌互为协同，提升了铀矿的生物浸出效率。

3）本章从实验角度也证明了生物浸铀中微生物系统具有耗散结构，本书的研究扩展了耗散结构的应用范围，反映了耗散结构理论的强大生命力。

第 5 章　铀矿生物浸出中 *A.f* 菌与 *A.m* 菌协同作用机制研究

本章主要研究 *A.f* 菌与 *A.m* 菌相互促进原理，根据耗散结构理论建立 *A.f* 菌与 *A.m* 菌生长动力学模型，探索 *A.f* 菌与 *A.m* 菌协同作用自组织演化过程及其机制。

5.1　铀矿生物浸出中 *A.f* 菌与 *A.m* 菌生长动力学模型

$$\frac{\mathrm{d}x}{\mathrm{d}t}=(k-d)x-\beta x^2=rx\left(1-\frac{x}{\frac{r}{\beta}}\right)=rx\left(1-\frac{x}{M}\right) \tag{5.1}$$

其中 $M=\frac{r}{\beta}$，M 表示环境所能容许系统变量的最大值。当 $x<M$ 时，状态变量 x 低于最大值，式（5.1）右端大于零，即 $\frac{\mathrm{d}x}{\mathrm{d}t}>0$，因此 x 增长；当 $x>M$ 时，式（5.1）右端小于零，即 $\frac{\mathrm{d}x}{\mathrm{d}t}<0$，因此 x 减少；只有当 $x=M$ 时，变量 x 等于环境的容许值，即 $\frac{\mathrm{d}x}{\mathrm{d}t}=0$，这时变量不再发生变化，稳定在环境容许的最大值上[167-171]。

5.1.1　模型推导

（1）独立生长

假设生物浸铀中 *A.f* 菌与 *A.m* 菌是独立生长，即彼此之间无影响，双方均独立成长，此时的 *A.f* 菌与 *A.m* 菌生长动力学方程可表示为：

$$\begin{cases}\frac{\mathrm{d}x}{\mathrm{d}t}=r_1x\left(1-\frac{x}{M_1}\right)\\ \frac{\mathrm{d}y}{\mathrm{d}t}=r_2y\left(1-\frac{y}{M_2}\right)\end{cases} \tag{5.2}$$

其中，x、y 分别表示 *A.f* 菌与 *A.m* 菌的数量；r_1、r_2 分别表示 *A.f* 菌与 *A.m* 菌的增长率；M_1、M_2 分别表示环境所容许的 *A.f* 菌与 *A.m* 菌最大数量。

（2）竞争生长

若生物浸铀中 *A.f* 菌与 *A.m* 菌是竞争生长关系，即双方受害，双方均独立成长。竞争生长时，*A.f* 菌对 *A.m* 菌有一个负向的贡献系数 c，*A.m* 菌对 *A.f* 菌有一个负向的

贡献系数 d 。此时的 c 与 d 可以理解为竞争系数，此时的 $A.f$ 菌与 $A.m$ 菌生长动力学方程可表示为：

$$\begin{cases}\dfrac{\mathrm{d}x}{\mathrm{d}t}=r_1x\left(1-\dfrac{x}{M_1}-c\dfrac{y}{M_2}\right)\\[2ex]\dfrac{\mathrm{d}y}{\mathrm{d}t}=r_2y\left(1-\dfrac{y}{M_2}-d\dfrac{x}{M_1}\right)\end{cases}\tag{5.3}$$

在生物浸铀过程中加入 $A.m$ 菌后可能会与 $A.f$ 菌共同竞争 O_2 等物质，但是随着两者逐渐适应，$A.f$ 菌与 $A.m$ 菌是互为促进关系[172-198]。$A.f$ 菌为 $A.m$ 菌提供了有机物来源，而 $A.m$ 菌为 $A.f$ 菌减少了有机物对其自身的损害，$A.m$ 菌的铁还原作用协同 $A.f$ 菌铁氧化作用，促进浸出体系中铁循环，两者协同生长。

(3) 协同生长

此时 x ($A.f$) 菌对 y ($A.m$) 菌有一个正向的贡献系数 b , y 对 x 有一个正向的贡献系数 a 。

此时的 $A.f$ 菌与 $A.m$ 菌生长动力学方程可表示为：

$$\begin{cases}\dfrac{\mathrm{d}x}{\mathrm{d}t}=r_1x\left(1-\dfrac{x}{M_1}+a\dfrac{y}{M_2}\right)\\[2ex]\dfrac{\mathrm{d}y}{\mathrm{d}t}=r_2y\left(1-\dfrac{y}{M_2}+b\dfrac{x}{M_1}\right)\end{cases}\tag{5.4}$$

该方程为生物浸铀中 $A.f$ 菌与 $A.m$ 菌生长动力学模型。

$$\text{设}\begin{cases}\dfrac{\mathrm{d}x}{\mathrm{d}t}=r_1x\left(1-\dfrac{x}{M_1}+a\dfrac{y}{M_2}\right)=0\\[2ex]\dfrac{\mathrm{d}y}{\mathrm{d}t}=r_2y\left(1-\dfrac{y}{M_2}+b\dfrac{x}{M_1}\right)=0\end{cases}\tag{5.5}$$

代数方程式（5.5）的解就是方程式（5.4）的定态解，解得定态点为 $P_1\left(\dfrac{1+a}{1-ab}M_1,\ \dfrac{1+b}{1-ab}M_2\right)$，$P_2(0,\ 0)$。

5.1.2　定态点 P_1 的稳定性分析

(1) 双变量线性方程稳定性分析

假设双变量线性微分方程组为

$$\begin{cases}\dfrac{\mathrm{d}x}{\mathrm{d}t}=B_{11}(A)x+B_{12}(A)y\\[2ex]\dfrac{\mathrm{d}y}{\mathrm{d}t}=B_{21}(A)x+B_{22}(A)y\end{cases}\tag{5.6}$$

这里，$B_{11}(A)$ ，$B_{12}(A)$ ，$B_{21}(A)$ ，$B_{22}(A)$ 为依赖于控制参数 A 的常数系数。显然无序态

$$x=y=0$$

是方程组（5.6）的定态解。如果 $t=0$ 时，微扰使序参数 x 和 y 的初值与热力学分支解产生偏离，即

$$x_0=c,\quad y_0=d$$

那么在以后 t 时刻方程组（5.6）的解是

$$\begin{cases} x = \dfrac{(B_{11}-\lambda_2)c+B_{12}d}{\lambda_1-\lambda_2}\times e^{\lambda_1 t}+\dfrac{(\lambda_1-B_{11})c-B_{12}d}{\lambda_1-\lambda_2}\times e^{\lambda_2 t} \\ y = \dfrac{B_{21}c+(B_{22}-\lambda_2)d}{\lambda_1-\lambda_2}\times e^{\lambda_1 t}+\dfrac{(\lambda_1-B_{22})d-B_{21}c}{\lambda_1-\lambda_2}\times e^{\lambda_2 t} \end{cases} \tag{5.7}$$

其中 λ_1 和 λ_2 是代数方程

$$\lambda^2-\omega\lambda+T=0 \tag{5.8}$$

的解。这两个解称为方程（5.6）特征根，而方程（5.8）又叫作方程（5.6）的特征方程。特征方程中的 ω 和 T 分别为

$$\begin{cases} \omega = B_{11}+B_{22} \\ T = B_{11}\cdot B_{22}-B_{12}\cdot B_{21} \end{cases} \tag{5.9}$$

当 $\omega^2=4T$ 时，特征方程（5.8）有两个相等的特征根 $\lambda_1=\lambda_2=\lambda$，这时解（5.7）应被以下形式代替

$$\begin{cases} x = \{c+[c(B_{11}-\lambda)+B_{12}d]\cdot t\}\,e^{\lambda t} \\ y = \{d+[d(B_{22}-\lambda)+B_{21}c]\cdot t\}\,e^{\lambda t} \end{cases} \tag{5.10}$$

由式（5.7）和式（5.10）可以看出，定态热力学分支 $x=y=0$ 的稳定性完全决定于特征根 λ_1 和 λ_2 的实部。只有这两个根的实部都为负，当 $t\to\infty$ 时才会有 $x\to 0$，$y\to 0$，即热力学分支稳定；否则，任何一个特征根出现正实部都会导致序参量随时间越来越远离无序态，热力学分支就会稳定。只要用初等代数中的韦达定律对二次代数方程（5.8）的根进行讨论就可以判别在 ω、T 取不同值时特征根实部的正负情况。把特征根 λ 的不同值与相应的解（5.7）的不同行为，分以下 5 种情况。

1）ω，$T>0$，$\omega^2>4T$ 则有 λ_1、$\lambda_2<0$。这时在图 5.1（a）中代表序参量值的动点将直接趋于 $x=y=0$，热力学分支稳定。

2）ω，$T>0$，$\omega^2<4T$ 则有 λ_1、λ_2 为具有负实部的共轭复根，原点为稳定焦点，见图 5.1（b），热力学分支解稳定。

3）$T<0$，$\lambda_1>0>\lambda_2$ 则如图 5.1（c）所示，代表序参量的动点在某一特定方向上随时间趋向原点，而在其他地方都要远离原点，就像在马鞍上滚动的小球那样。因此 $x=y=0$ 称为鞍点。显然，鞍点是不稳定点。

4）$\omega<0$，$T>0$，$\omega^2>4T$ 则有 λ_1、$\lambda_2>0$ 代表序参量的点直接远离原点而去，见图 5.1（d）所示，原点为不稳定结点，热力学分支不稳定。

5）$\omega<0$，$T>0$，$\omega^2<4T$ 则有 λ_1、λ_2 为具有正实部的共轭复数，原点为不稳定焦点，如图 5.1（e）所示，热力学分支失稳。

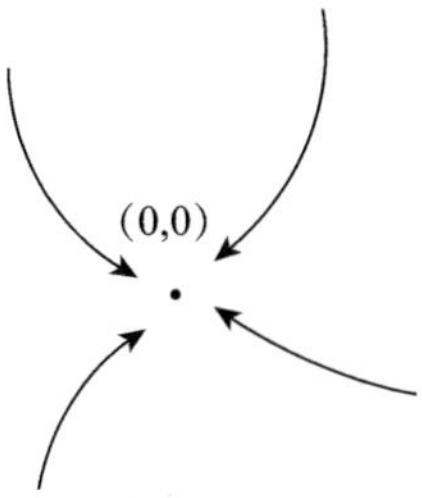

(a) 原点为稳定结点图

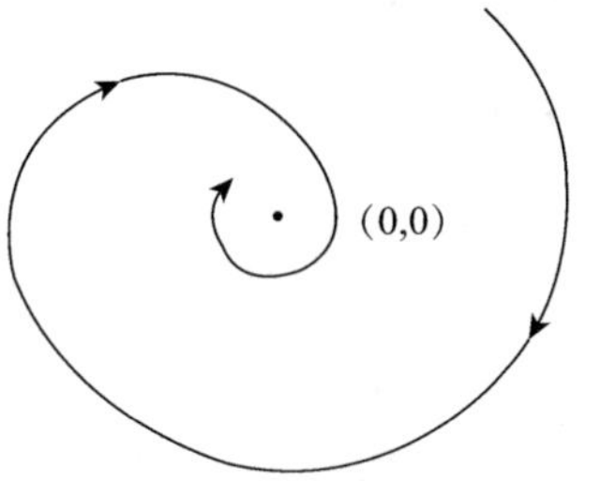

(b) 原点为稳定焦点图

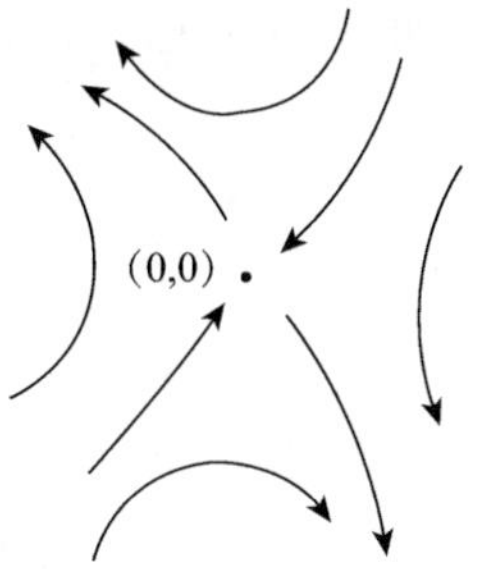

(c) 原点为鞍点图

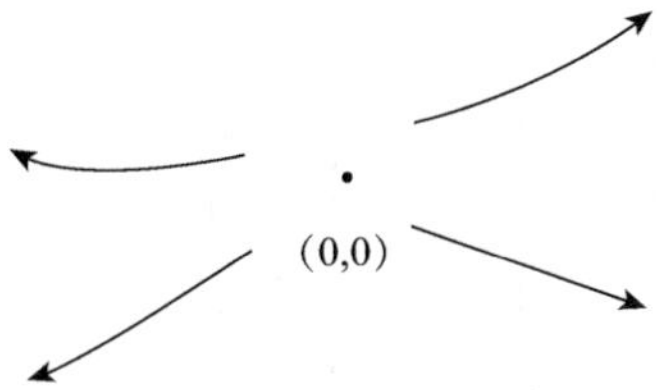

(d) 原点为不稳定结点图

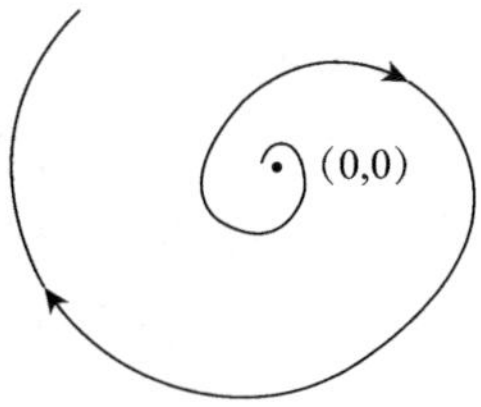

(e) 原点为不稳定焦点图

图 5.1 原点稳定性情况示意图

(2) 双变量非线性方程稳定性分析

假定序参量方程为

$$\begin{cases} \dfrac{\mathrm{d}x}{\mathrm{d}t}=f_1(x,y) \\ \dfrac{\mathrm{d}y}{\mathrm{d}t}=f_2(x,y) \end{cases} \tag{5.11}$$

$f_1(x,y)$，$f_2(x,y)$ 可以为 x，y 的非线性函数。如

$x=x_0$，$y=y_0$ 是这个方程的定态解，即

$$f_1(x_0,y_0)=f_2(x_0,y_0)=0 \tag{5.12}$$

而 Δx，Δy 是相对于定态解 (x_0,y_0) 的微小偏离。把

$$x=x_0+\Delta x,\ y=y_0+\Delta y$$

代入函数 $f_1(x, y)$ 和 $f_2(x, y)$，并考虑 Δx，$\Delta y \ll 1$ 和式 (5.12)，得到

$$\begin{aligned} f_1(x_0+\Delta x,\ y_0+\Delta y) &= f_1(x_0,\ y_0)+f_{1x}(x_0,\ y_0)\Delta x+f_{1y}(x_0,\ y_0)\Delta y \\ &= f_{1x}(x_0,\ y_0)\Delta x+f_{1y}(x_0,\ y_0)\Delta y \end{aligned}$$

$$f_2(x_0+\Delta x,\ y_0+\Delta y)=f_{2x}(x_0,\ y_0)\Delta x+f_{2y}(x_0,\ y_0)\Delta y \tag{5.13}$$

其中

$$f_{ix}(x_0,\ y_0)=\frac{\partial f_i(x,\ y)}{\partial x}\bigg|_{x=x_0,\ y=y_0}$$

$$f_{iy}(x_0,\ y_0)=\frac{\partial f_i(x,\ y)}{\partial y}\bigg|_{x=x_0,\ y=y_0}\ i=1,\ 2$$

将式（5.13）代入式（5.11），可以得到

$$\begin{cases}\dfrac{\mathrm{d}(\Delta x)}{\mathrm{d}t}=f_{1x}(x_0,\ y_0)\Delta x+f_{1y}(x_0,\ y_0)\Delta y\\ \dfrac{\mathrm{d}(\Delta y)}{\mathrm{d}t}=f_{2x}(x_0,\ y_0)\Delta x+f_{2y}(x_0,\ y_0)\Delta y\end{cases}\tag{5.14}$$

这个方程与双变量的线性方程（5.6）完全一样，只要用 Δx、Δy 代替 x、y 和用系数 f_{1x}、f_{1y}、f_{2x}、f_{2y} 分别代表 B_{11}、B_{12}、B_{21}、B_{22}，则式（5.7）和式（5.10）就是方程（5.14）的解。图 5.1～图 5.5 对方程（5.6）定态解的稳定性分析，对式（5.14）完全适用。

把非线性方程（3.4）和方程（5.11）线性化为方程（3.8）和式（5.14）后进行稳定性分析的方法叫线性稳定性分析法。这个方法对非线性方程的定态解的稳定性分析十分有效。需要强调的是，尽管线性化方程（3.8）和方程（5.14）与线性方程（3.4）和方程（5.11）的稳定性分析方法完全一样，但非线性方程（3.4）、方程（5.11）与线性方程（3.1）和方程（5.6）有本质差别。首先线性方程仅有唯一的序参量为零的定态解，而非线性方程则可能有多个定态解，包括序参量为零的热力学分支解及序参量不为零的耗散结构分支解。线性方程适用于 x 和 y 的任意值，这样当 $t\to\infty$ 时，序参量的最终值只有零和无穷两种可能。然而对于非线性方程（3.4）和方程（5.11），它线性化为式（3.8）和式（5.14）只代表当 Δx 和 Δy 很小时的情况；随着 Δx 和 Δy 的增大，非线性项将起越来越大的作用。在原定态失稳时，这种非线性有可能限制序参量的增长，使其不发展到无穷，而演化到新的稳定态上去。

因此，生物浸铀中 *A.f* 菌与 *A. m* 菌生长动力学模型的定态点 P_2（0，0）由线性稳定性分析法，可得 P_2（0，0）点是不稳定的定态点，就如同式（3.3）得出的定态点 $x=0$ 一样，会回到稳定的热力学分支，到不了稳定的耗散结构分支。$P_1\left(\dfrac{1+a}{1-ab}M_1,\ \dfrac{1+b}{1-ab}M_2\right)$ 稳定条件为 $ab<1$，即当 *A.f* 菌与 *A. m* 菌对对方正向贡献率乘积小于 1 时，会稳定在稳定态点 P_1。

5.1.3 *A.f* 菌与 *A.m* 菌生长动力学模型参数及稳定态点求解

方程组式（5.4）可以改为[199-202]

$$\begin{cases}\mathrm{d}\ln x=\left[r_1\left(1-\dfrac{x}{M_1}+a\,\dfrac{y}{M_2}\right)\right]\mathrm{d}t\\ \mathrm{d}\ln y=\left[r_2\left(1-\dfrac{y}{M_2}+b\,\dfrac{x}{M_1}\right)\right]\mathrm{d}t\end{cases}\tag{5.15}$$

在区间（t_{i-1}，t_i）上积分可得

$$\begin{cases} \ln x_i - \ln x_{i-1} = r_1\left[(t_i - t_{i-1}) - \dfrac{A_{1i}}{M_1} + a\dfrac{A_{2i}}{M_2}\right] \\ \ln y_i - \ln y_{i-1} = r_2\left[(t_i - t_{i-1}) - \dfrac{A_{2i}}{M_2} + b\dfrac{A_{1i}}{M_1}\right] \end{cases} \tag{5.16}$$

其中 $A_{k_i} = \int_{t_{i-1}}^{t_i} x_k(t)\,\mathrm{d}t$，$i = 1, 2, \cdots, n$；$k = 1, 2$。

于是得到关于方程组（5.15）中参数的方程组

$$AX = B_1,\ AY = B_2$$

其中：
$$A = \begin{pmatrix} t_1 - t_0 & -A_{11} & A_{21} \\ t_2 - t_1 & -A_{12} & A_{22} \\ \vdots & \vdots & \vdots \\ t_m - t_{m-1} & -A_{1m} & A_{2m} \end{pmatrix}$$

$$X = \begin{pmatrix} r_1 \\ \dfrac{r_1}{M_1} \\ \dfrac{r_1 a}{M_2} \end{pmatrix},\quad Y = \begin{pmatrix} r_2 \\ \dfrac{r_2}{M_2} \\ \dfrac{r_2 b}{M_1} \end{pmatrix}$$

$$B = \left[\ln\frac{x_{k_1}}{x_{k_0}},\ \ln\frac{x_{k_1}}{x_{k_0}},\ \cdots,\ \ln\frac{x_{k_m}}{x_{k_{m-1}}}\right]^{\mathrm{T}},\ k = 1, 2。$$

上述方程没有通常意义上的解，因此求其最小二乘解，得：

$$X = (A^{\mathrm{T}}A)^{-1}A^{\mathrm{T}}B_1,\ Y = (A^{\mathrm{T}}A)^{-1}A^{\mathrm{T}}B_2$$

A^{T} 表示 A 的转置阵

A_{1i} 与 A_{2i} 用数值积分中的梯形法公式得：

其中

$$A_{k_i} = \int_{t_{i-1}}^{t_i} x_k(t)\,\mathrm{d}t \approx \tilde{A} = \frac{t_i - t_{i-1}}{2}(x_{k_i} + x_{k_{i-1}}),$$
$$i = 1, 2, \cdots, n;\ k = 1, 2。$$

于是得 X，Y 的近似值：$\tilde{X} = (\tilde{A}^{\mathrm{T}}\tilde{A})^{-1}\tilde{A}^{\mathrm{T}}B_1$，$\tilde{Y} = (\tilde{A}^{\mathrm{T}}\tilde{A})^{-1}\tilde{A}^{\mathrm{T}}B_2$，其中 $\tilde{A}$ 是把矩阵 A 中的 A_{k_i} 换成 $\tilde{A}_{k_i}$ 得到的矩阵。所以，只要时间间隔 $t_i - t_{i-1}$ 不大，A_{k_i} 与 $\tilde{A}_{k_i}$ 的误差也就不大，就可以在 MATLAB 中用最小二乘法得出 $A.f$ 菌与 $A.m$ 菌互利系数 a 和 b。

M_1 与 M_2 可根据各自单独生长时的方程 $\dfrac{\mathrm{d}x}{\mathrm{d}t} = rx\left(1 - \dfrac{x}{M}\right)$ 的积分式 $x = \dfrac{M}{1 + \mathrm{e}^{-irt}}$ 拟合方程求解出。最后可得出生物浸铀中 $A.f$ 菌与 $A.m$ 菌生长动力学模型协同作用稳定态点 $P_1\left(\dfrac{1 + a}{1 - ab}M_1,\ \dfrac{1 + b}{1 - ab}M_2\right)$。

5.2 模型验证

5.2.1 材料与方法

（1）铀矿石样品

745 铀矿山尾矿石。

（2）试验菌株

A.f 菌、*A. m* 菌。

（3）试验方法

试验在初始 pH 为 1.8，温度 30 ℃，摇床转速为 120 r/min 的条件下对尾矿进行了微生物浸铀试验，矿浆浓度均为 5%（m/v）。试验分为 4 组，第一组为无菌对照组；第二组为纯 *A.f* 菌组，初始接种量为 20%；第三组的初始接种 *A.f* 菌和 *A. m* 菌接种比为 10∶1 配置；第四组为纯 *A. m* 菌组，初始接种量为 2%。最后用 9K 培养基将所有锥形瓶定容至 200 mL。设置 3 组平行样。每 3 天取样一次，观察测定试验过程中的总铁、Fe^{2+}、Fe^{3+}、铀的浸出浓度变化以及 *A.f* 菌与 *A. m* 菌的生长曲线。*A. m* 菌、*A.f* 菌的生长曲线可通过 logistic 方程拟合得到 *A. m* 菌、*A.f* 菌的最大菌液浓度。通过理论证明得出的 *A.f* 菌与 *A. m* 菌协同作用稳定态点与试验 *A. m* 菌、*A.f* 菌的最大菌液浓度对比，若理论预测值（稳定态点）与试验最大菌液浓度差距不大则证明了模型拟合效果较好，若差距较大则需修正或调整模型。

（4）分析方法

细菌浓度变化采用 MPN 计数法；pH 测定采用 321-S 型 pH 计；Eh 测定采用 SKY3-431 型氧化还原测定仪；铁离子浓度测定采用乙二胺四乙酸二钠（EDTA）络合滴定；铀浓度的测定采用电感耦合等离子体发射光谱仪（ICP-OES，Agilent 5100）法。

吸附菌密度的测定方法[203]：

1）从摇床中取得堆型瓶静置 20 min，倒掉上清液，从第二组中称取 2 份 4 g 湿矿渣、三及四组分别称取 4 g 湿矿渣置于 50 mL 离心管 A、B、C、D 中。

2）将离心管 A、B、C、D 在离心机 3 000 r/min 中离心 2 min，倒掉上清液。

3）往离心管 A、B、C、D 中加入 10 mL 的无菌水（A 和 C 离心管 pH 为 2.0，B 和 D 离心管 pH 为 3.0）和 1 g 直径为 0.5 mm 的无菌玻璃珠，于旋涡混合器（0~1 400 r/min）中振荡 10 min。

4）然后在离心机 3 000 r/min 中离心 1 min，收集上清液，并于光学显微镜检上清液菌密度，重复步骤 3）直至倒出的上清液中在光学显微镜下看不到微生物。

5）收集上述步骤中的所有上清液，采用 MPN 方法测定菌密度。

5.2.2 结果与讨论

(1) 总 Fe、Fe^{2+}和 Fe^{3+}浓度的变化

1) 无菌浸出试验

汇总 Fe^{2+} 和 Fe^{3+} 的浓度试验数据，并将 Fe^{2+} 和 Fe^{3+} 的浓度试验数据相加得到总 Fe 浓度数据，绘制成如图 5.2 所示。

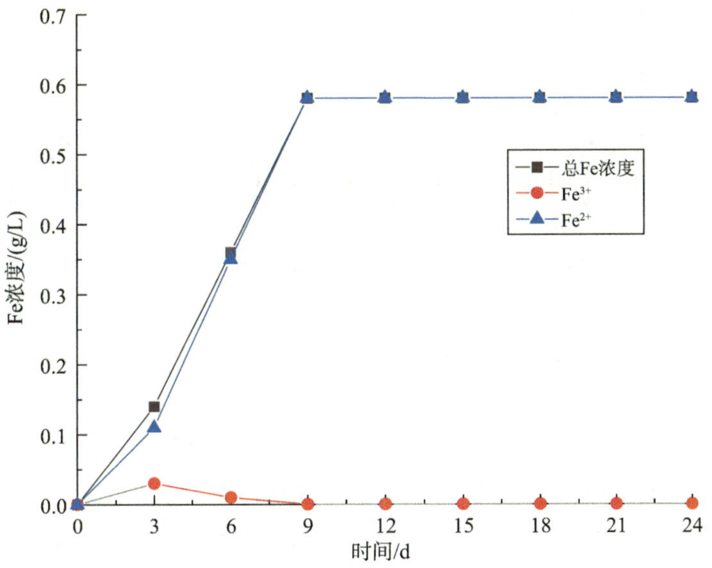

图 5.2 无菌浸出总 Fe、Fe^{2+}和 Fe^{3+}的变化

从图 5.2 可看出，在无菌浸出条件下 Fe^{3+} 浓度极低，铁离子几乎以 Fe^{2+} 的形式存在。

2) *A.f* 菌浸出试验

试验结果，如图 5.3 所示。

从图 5.3 可看出，经过 24 天浸出后，Fe^{2+} 全部转成 Fe^{3+}，说明 *A.f* 菌对 Fe^{2+}转化成 Fe^{3+}作用效果明显。从图 5.3 还可得出，在 *A.f* 菌的作用下前 9 天总铁和 Fe^{3+}增长较快，后期缺乏动力。原因可能有两种：

①*A.f* 菌自身产生了大量的有机物限制了自身的生长繁殖；

②随着 Fe^{2+}逐渐减少，*A.f* 菌以 Fe^{2+} 为能源物质逐渐减少，从而也限制了 *A.f* 菌的生长繁殖。

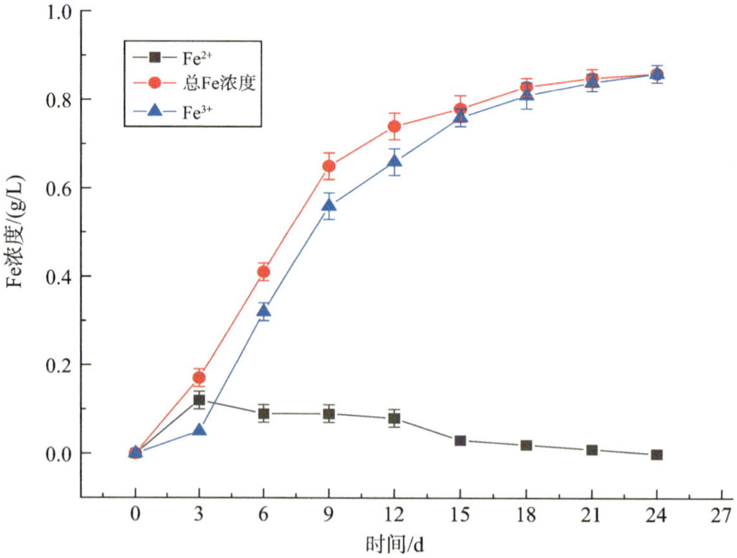

图 5.3 *A.f* 菌浸出总 Fe、Fe^{2+} 和 Fe^{3+} 的变化

3）*A.f* 菌与 *A. m* 菌为 10∶1 配置浸出试验

从图 5.4 可看出，加入 *A. m* 菌后前 9 天由于与 *A.f* 菌共同竞争 O_2 等物质，致使 *A.f* 菌氧化铁的能力不如未加 *A. m* 菌。但是第 9 天后，*A.f* 菌氧化铁的能力得到加强，Fe^{3+} 的浸出效果并未降低。原因可能在于 *A. m* 菌大量繁殖，*A. m* 菌以 *A.f* 菌产生的有机物为能源进行生长，从而解除了有机物对 *A.f* 菌生长的制约，这就是 *A. m* 菌对 *A.f* 菌的促进作用。

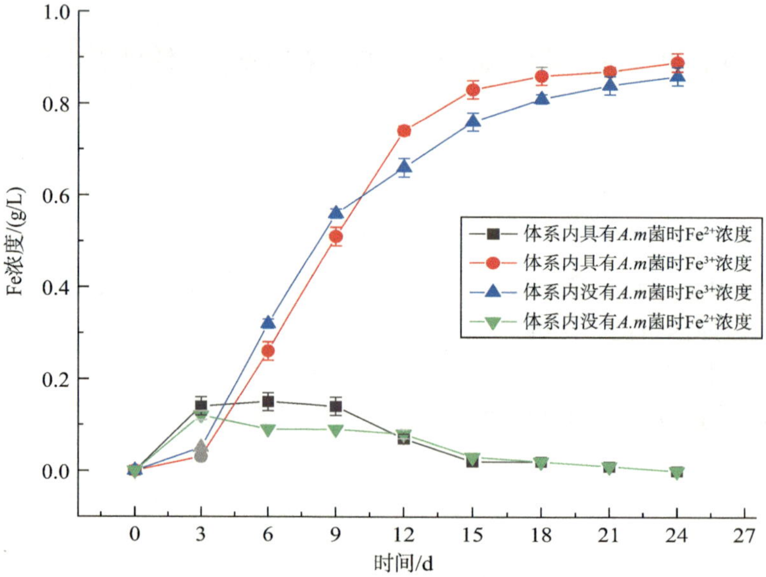

图 5.4 *A.f* 菌与 *A. m* 菌为 10∶1 浸出 Fe^{2+} 和 Fe^{3+} 的变化

（2）铀的浸出结果

从图 5.5 可看出，3 组试验前 3 天主要以化学浸出为主，达到 4 mg/L。3 天后，无菌组变化不大，24 天后，铀的浓度为 4.6 mg/L，浸出率为 14.6%。第 3 天后，纯 *A.f* 菌组 *A.f* 菌作用开始显现，从图 5.7 也可看出，第 3 天后浸铀体系内开始产生大量的 Fe^{3+}，第 9 天后 Fe^{3+}浓度下降，图 5.5 在第 9 天后浸铀能力得到加强，因为前 9 天浸铀体系内聚集了大量的 Fe^{3+}，到第 12 天铀浓度出现了小高峰达到 8.4 mg/L，到 24 天结束的时候铀浓度达到 9.6 mg/L，浸出率为 30.5%。*A.f* 菌与 *A. m* 菌为 10：1 组到第 12 天后浸铀能力得到提升，到第 15 天铀浓度出现了小高峰达到 12.8 mg/L，原因是 *A.f* 菌与 *A. m* 菌在第 9~12 天的协同促进作用，从图 5.4 中 Fe^{3+} with *A. m* 曲线也可看出第 9~12 天 Fe^{3+}浓度不断提升；到 24 天结束的时候铀浓度达到 14.8 mg/L，浸出率为 47.0%，浸出率是纯 *A.f* 菌组的 1.5 倍、无菌组的 2.2 倍。通过图 5.5 可知，*A.f* 菌与 *A. m* 菌的协同作用在铀尾矿上能产生价值。

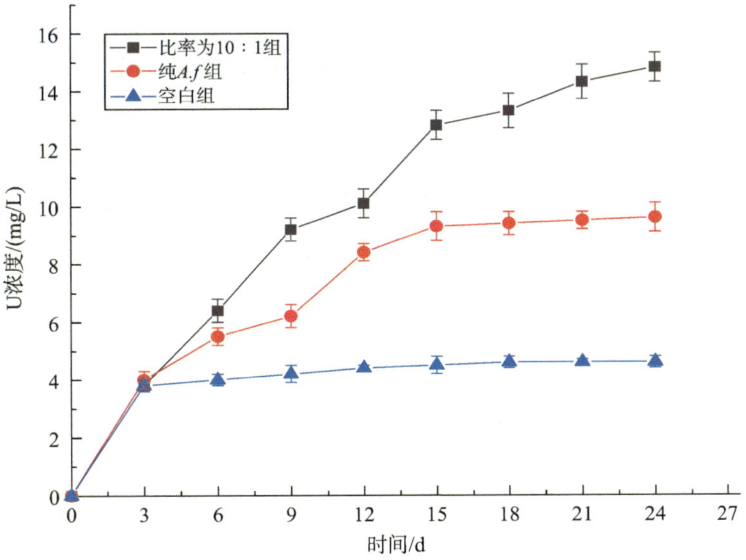

图 5.5　铀浸出浓度变化曲线

（3）微生物生长曲线

1）单独生长曲线

从图 5.6 可得出，游离 *A.f* 菌繁殖的对数期在第 3~9 天，游离 *A. m* 菌繁殖的对数期在第 3~6 天。为求得各环境容量 M，分别用 logistic 方程对游离 *A.f* 菌以及 *A. m* 菌的生长曲线进行拟合，其结果如图 5.7、图 5.8 所示。

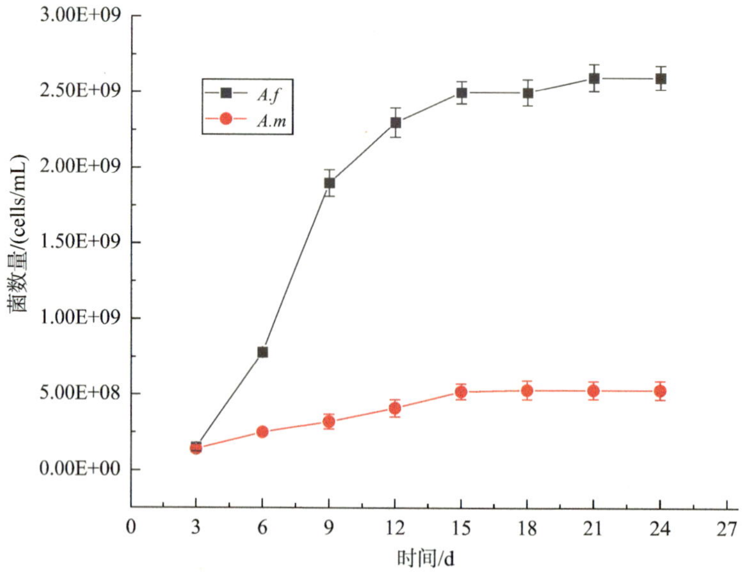

图 5.6　游离 *A.f* 菌与 *A.m* 菌单独生长曲线

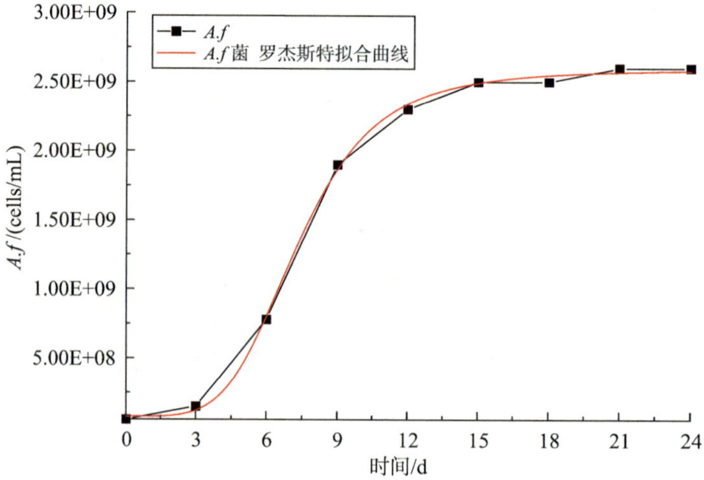

图 5.7　游离 *A.f* 菌增长曲线拟合结果

游离 *A.f* 菌生长曲线的拟合方程为：$N = \dfrac{2.600\,12 \times 10^{9}}{1 + 178.365\,18 \times e^{-0.665\,92\,t}}$

游离 *A.m* 菌生长曲线的拟合方程为：$N = \dfrac{5.311\,27 \times 10^{8}}{1 + 37.768\,32 \times e^{-0.537\,81t}}$

所以，游离 *A.f* 菌与 *A.m* 菌的 *M* 值分别为：2.61×10^{9} 个/毫升以及 5.31×10^{8} 个/毫升。

24 天浸矿结束后根据吸附菌密度的测定方法，矿物吸附 *A.f* 菌密度达到 1.4×10^{7} 个/毫升、吸附 *A.m* 菌密度达到 1.1×10^{6} 个/毫升。因此，*A.f* 菌与 *A.m* 菌的 *M* 值分别为：

2.62×10^9 个/毫升以及 5.32×10^8 个/毫升。

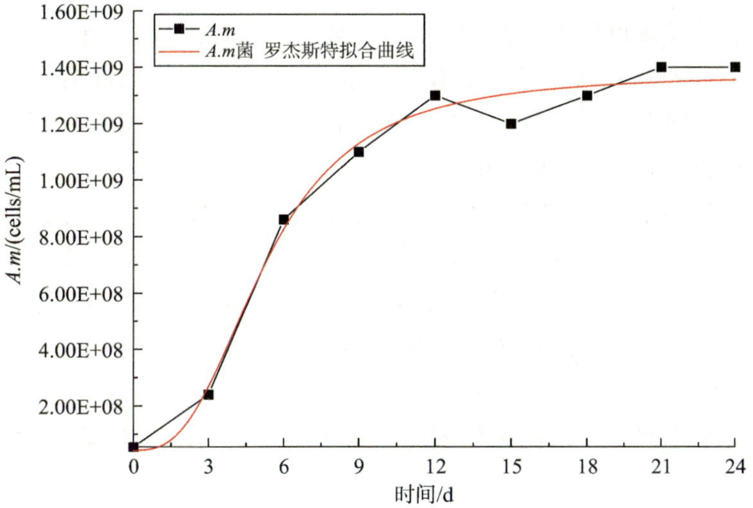

图 5.8 游离 *A. m* 菌增长曲线拟合结果

2）*A.f* 菌与 *A. m* 菌 10∶1 混合生长曲线

从图 5.9 可得出，前 6 天游离 *A.f* 菌生长较快，与此同时自身产生的有机物也较多，而第 6~9 天由于自身产生的有机物阻碍了自身的繁殖，故其生长较为缓慢。第 9 天以后，前 9 天得到大量繁殖的游离 *A. m* 菌以游离 *A.f* 菌产生的有机物为能源进行繁殖生长，帮助游离 *A.f* 菌解决了有机物限制自身生长的问题，促进了游离 *A.f* 菌的生长繁殖。游离 *A.f* 菌的快速繁殖，进一步产生了大量的有机物，又促进了游离 *A. m* 菌的生长繁殖。*A.f* 菌与 *A. m* 菌是互为协同促进关系，两者互利生长。

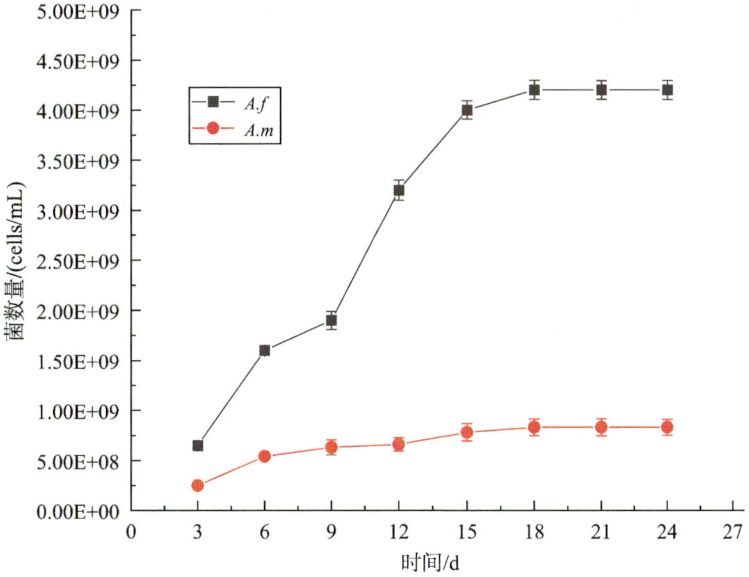

图 5.9 游离 *A.f* 菌与 *A. m* 菌 10∶1 混合生长曲线

24 天浸矿结束后矿物吸附 *A.f* 菌密度达到 3.2×10^7个/毫升、吸附 *A.m* 菌密度达到 2.4×10^6个/毫升。

通过前面拟合结果可知 $M_1=2.62\times10^9$ 个/毫升，$M_2=5.32\times10^8$ 个/毫升。通过 5.1.3 节 *A.f* 菌与 *A.m* 菌生长动力学模型参数及稳定态点求解，在 MATLAB 中用最小二乘法近似解得 a 和 b 分别为：0.275 和 0.550，两者乘积小于 1，生物浸铀中 *A.f* 菌与 *A.m* 菌具有达到稳定态点的稳定条件。因此可得稳定态点 P_1（4.29×10^9 个/毫升，8.26×10^8 个/毫升），即根据生物浸铀中 *A.f* 菌与 *A.m* 菌生长动力学模型预测 *A.f* 菌的菌液浓度会稳定处在 4.29×10^9 个/毫升、*A.m* 菌的菌液浓度会稳定在 8.26×10^8 个/毫升。图 5.13 中游离 *A.f* 菌的菌液浓度经过 24 天浸出试验最终稳定在 4.20×10^9 个/毫升、游离 *A.m* 菌的菌液浓度经过 24 天浸出试验最终稳定在 8.3×10^8 个/毫升，再加上矿物吸附 *A.f* 菌与 *A.m* 菌，*A.f* 菌与 *A.m* 菌总计分别为 4.23×10^9 个/毫升与 8.32×10^8 个/毫升，试验结果和模型预测结果相差较小，说明生物浸铀中 *A.f* 菌与 *A.m* 菌生长动力学模型拟合效果较好。

5.3 铀矿生物浸出中 *A.f* 菌与 *A.m* 菌协同作用自组织演化过程

通过生物浸铀中 *A.f* 与 *A.m* 微生物系统耗散结构特征分析及 *A.f* 与 *A.m* 协同生长动力学模型研究，可以得出 *A.f* 菌与 *A.m* 菌协同作用自组织演化过程。生物浸出过程中孤立或封闭系统会使得 *A.f* 菌与 *A.m* 菌得不到能源物质，造成其代谢停止，最后系统会达到平衡态，无法实现生物浸出。所以要使得铀矿生物浸出中 *A.f* 菌与 *A.m* 菌微生物系统出现耗散结构，首先是 *A.f* 菌与 *A.m* 菌微生物系统需是一个开放系统，并能得到足够强大的外界负熵，系统会慢慢远离平衡态，处在非线性区；微生物系统通过不断地协同作用，使得涨落累积放大；涨落累积引发突变；当 *A.f* 菌与 *A.m* 菌对对方正向贡献率乘积小于 1 时，系统进入耗散结构分支，会自组织稳定在稳定态点 $P_1\left(\dfrac{1+a}{1-ab}M_1,\ \dfrac{1+b}{1-ab}M_2\right)$，形成了有序的耗散结构，最终实现高效生物浸出。在初始 pH 为 1.8、温度为 30 ℃及矿浆浓度为 5%等最佳环境条件下，745 尾矿生物浸出中 *A.f* 菌与 *A.m* 菌微生物系统能得到足够强大的外界负熵，*A.f* 菌与 *A.m* 菌互为促进生长，当 *A.f* 菌与 *A.m* 菌对对方正向贡献系数分别为 0.275 和 0.550 时（两者乘积小于 1），*A.f* 菌与 *A.m* 菌微生物系统进入耗散结构分支，*A.f* 菌与 *A.m* 菌密度为稳定在（4.29×10^9 个/毫升，8.26×10^8 个/毫升），在 *A.f* 菌与 *A.m* 菌协同作用下 745 尾矿铀的浸出率为 47%，是纯 *A.f* 菌的 1.5 倍；第 4 章中得出 *A.f* 菌与 *A.m* 菌 10 : 1 菌组 745 原矿铀的浸出效率高达 98%，比纯 *A.f* 菌高出 10.25%。以上演化过程详见图 5.10。

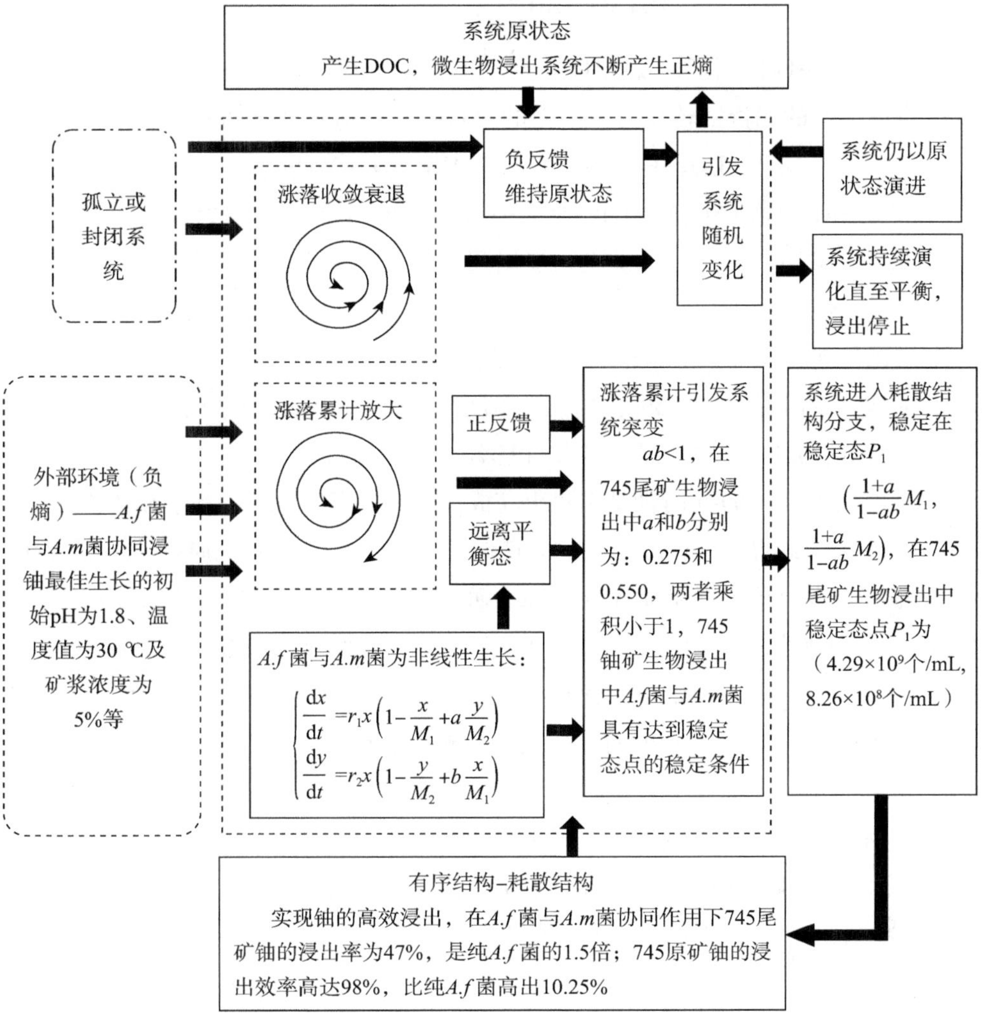

图 5.10 铀矿生物浸出中 *A.f* 菌与 *A. m* 菌协同作用自组织演化过程图

5.4 铀矿生物浸出中 *A.f* 菌与 *A. m* 菌协同作用机制

铀矿石在生物浸出过程中，黄铁矿在硫酸的作用下可生成 Fe^{2+} 以及单质硫，*A.f* 菌在酸性环境条件下能将 Fe^{2+} 氧化为 Fe^{3+}，将单质硫氧化为硫酸，同时得到能量，促进了自身的生长繁殖。*A. m* 菌能将 Fe^{3+} 还原为 Fe^{2+}，并产生酸，改善体系内酸性条件。反应式如下所示：

$$FeS_2+H_2SO_4 \longrightarrow FeSO_4+2H^++2S^0 \tag{5.17}$$

$$4FeSO_4+O_2+2H_2SO_4 \xrightarrow{\text{A. f}} 2Fe_2(SO_4)_3+2H_2O \tag{5.18}$$

$$2S+3O_2+2H_2O \xrightarrow{A.f} 2H_2SO_4 \tag{5.19}$$

$$24Fe^{3+}+C_6H_{12}O_6+6H_2O \xrightarrow{A.m} 24Fe^{2+}+6CO_2(\uparrow)+24H^+ \tag{5.20}$$

Fe^{3+}将难溶性的四价铀转化为可溶性的六价铀。反应式如下所示：

$$UO_2+Fe_2(SO_4)_3 \longrightarrow UO_2SO_4+2FeSO_4 \tag{5.21}$$

$$UO_2+Fe_2(SO_4)_3+2H_2SO_4 \longrightarrow H_4[UO_2(SO_4)_3]+2FeSO_4 \tag{5.22}$$

从本书 3.2.6 节可看出，铀矿生物浸出间接作用效应明显，是否存在直接作用还需深入研究。

当 *A.f* 菌单独浸铀时，从本书 4.1.2 节铀浸出数据可看出，纯 *A.f* 菌组在 48 小时内铀基本浸出完成，浸出率为 87.75%；纯 *A.m* 菌组比较难浸出铀；*A.f* 菌与 *A.m* 菌为 10：1 菌组 12 小时以前与纯 *A.f* 菌组浸出结果相差不大，但 12 小时后 *A.f* 菌与 *A.m* 菌为 10：1 菌组铀的浸出加快，在 60 小时铀基本浸出完成，浸出率高达 98%，高于纯 *A.f* 菌组。

纯 *A.f* 菌组试验初期铀浸出较快，后期缺乏动力，可能有两个原因：一是浸铀过程中会产生一些沉淀物质，如单质硫合黄钾铁矾，它们会附着在铀矿石的表面形成一层致密的钝化膜阻碍铀的进一步浸出；二是 *A.f* 菌在生长代谢过程中会产生有机物质，这些有机物质会抑制自身的生长繁殖，使得 *A.f* 菌密度逐渐减少，难以将 Fe^{2+}转化为 Fe^{3+}，限制了式（5.18）的进行，铀的间接作用难以进行，限制了式（5.21）、式（5.22）的进行，最终影响铀的浸出。

当 *A.f* 菌与 *A.m* 菌协同浸铀时，*A.m* 菌的铁还原作用协同 *A.f* 菌的铁氧化作用，促进浸出体系中铁循环，从而促进了各自的生长繁殖，使得 *A.f* 菌的 EPS 上能够富集更多的 Fe^{3+}；*A.f* 菌在浸铀过程中，会产生有机物，这些有机物会限制 *A.f* 菌的生长繁殖，然而 *A.m* 菌在铁还原过程中能利用这些有机物进行异养生长，起到解除抑制 *A.f* 菌的生长繁殖的作用，而且还会产生 CO_2，进一步为 *A.f* 菌提供无机碳源，*A.f* 菌与 *A.m* 菌这种碳循环作用机制也促进了各自的生长繁殖，当 ab 小于 1 时，*A.f* 菌与 *A.m* 菌密度会稳定在$\left(\frac{1+a}{1-ab}M_1,\ \frac{1+b}{1-ab}M_2\right)$。因此，*A.f* 菌与 *A.m* 菌协同作用机制主要表现为 *A.f* 菌与 *A.m* 菌的铁循环和碳循环作用机制。*A.f* 菌与 *A.m* 菌的协同浸铀进一步促进了 Fe^{2+}转化为 Fe^{3+}，使得式（5.20）进一步地顺利进行，铀的间接作用可以继续进行，促进了式（5.21）、式（5.22）的反应，最终提升了铀的浸出效率。如图 5.11 所示。

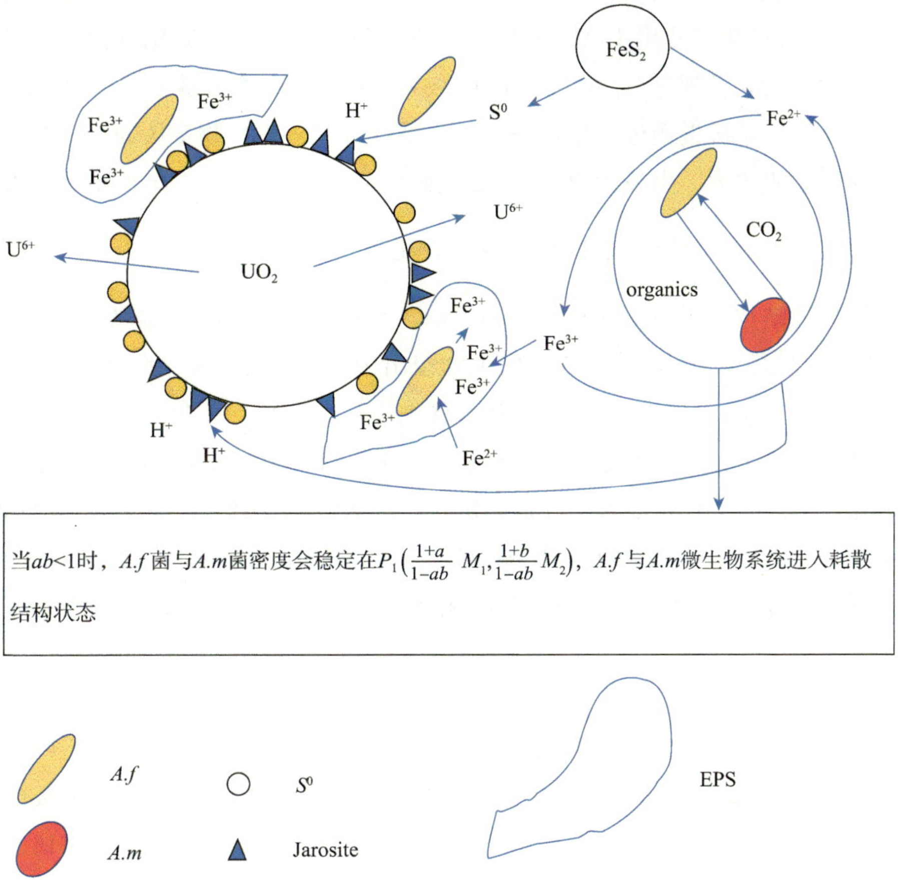

图 5.11　铀矿生物浸出中 *A.f* 菌与 *A.m* 菌协同作用机制

5.5　小结

生物浸铀中 *A.f* 菌与 *A.m* 菌生长动力学模型，解释了 *A.f* 菌与 *A.m* 菌的相互促进，是因为当 *A.f* 菌与 *A.m* 菌达到稳定条件时两种菌存在稳定态点。生物浸铀中 *A.f* 菌与 *A.m* 菌协同作用自组织演化过程，展现了 *A.f* 菌与 *A.m* 菌是如何到达稳定态点，实现微生物高效浸出。生物浸铀中 *A.f* 菌与 *A.m* 菌协同作用机制揭示了 *A.f* 菌与 *A.m* 菌到达稳定态点后如何通过协同作用提升铀的浸出效率。

1）构建了铀矿生物浸出中 *A.f* 菌与 *A.m* 菌生长动力学模型。运用耗散结构理论中的非线性特性，并根据生物浸铀中 *A.f* 菌与 *A.m* 菌协同特点建立了其生长动力学模型，并进一步得出了生物浸铀中 *A.f* 菌与 *A.m* 菌协同作用稳定态点及其稳定条件。*A.f* 菌与 *A.m* 菌协同作用的稳定条件为 $ab<1$，即 *A.f* 菌与 *A.m* 菌对对方正向贡献率乘积小于 1，微生物系统到达耗散结构。研究表明模型预测的稳定态点及稳定条件与试验 *A.f* 菌与

A. m 菌密度相差较小，说明生物浸铀中 A. f 菌与 A. m 菌生长动力学模型拟合效果较好。

2）厘定了铀矿生物浸出中 A. f 菌与 A. m 菌协同作用自组织演化过程。通过对铀矿生物浸出过程的研究发现，A. f 菌与 A. m 菌微生物系统是一个开放系统，并能得到足够强大的外界负熵使系统慢慢远离平衡态，处在非线性区；微生物系统通过不断地协同作用，使得涨落累积放大，引发突变；当 A. f 菌与 A. m 菌对对方正向贡献率乘积小于 1 时，系统进入耗散结构分支，会自组织稳定在稳定态点 $P_1\left(\frac{1+a}{1-ab}M_1, \frac{1+b}{1-ab}M_2\right)$，形成了有序的耗散结构，最终实现高效生物浸出。在初始 pH 为 1.8、温度为 30 ℃及矿浆浓度为 5%等最佳环境条件下，745 尾矿生物浸出中 A. f 菌与 A. m 菌微生物系统能得到足够强大的外界负熵，A. f 菌与 A. m 菌互为促进生长，当 A. f 菌与 A. m 菌对对方正向贡献系数分别为 0.275 和 0.550 时（两者乘积小于 1），A. f 菌与 A. m 菌微生物系统进入耗散结构分支，A. f 菌与 A. m 菌密度分别稳定在 4.29×10^9 个/毫升左右和 8.26×10^8 个/毫升左右，在 A. f 菌与 A. m 菌协同作用下 745 尾矿铀的浸出率为 47%，是纯 A. f 菌的 1.5 倍；第 4 章中 A. f 菌与 A. m 菌 10：1 菌组铀的浸出效率高达 98%，比纯 A. f 菌高出 10.25%。

3）探索了铀矿生物浸出中 A. f 菌与 A. m 菌协同作用机制。以 745 铀矿为浸出材料，开展 A. f 菌与 A. m 菌协同浸铀时，A. m 菌的铁还原作用协同 A. f 菌的铁氧化作用，促进浸出体系中铁的循环，铁循环使得 A. f 菌与 A. m 菌获得了更多和更长久的能源物质，促进了它们的生长繁殖；A. f 菌在浸铀过程中，会产生有机物，这些有机物会限制 A. f 菌的生长繁殖，但 A. m 菌在铁还原过程中能利用这些有机物进行异养生长，因此可解除其对 A. f 菌生长繁殖的抑制作用，同时产生 CO_2，能进一步为 A. f 菌提供了无机碳源。A. f 菌与 A. m 菌这种碳循环作用机制也促进了它们的生长繁殖，A. f 菌与 A. m 菌密度会稳定在$\left(\frac{1+a}{1-ab}M_1, \frac{1+b}{1-ab}M_2\right)$。A. f 菌与 A. m 菌协同作用机制主要表现为 A. f 菌与 A. m 菌的铁循环和碳循环的协同作用。

第 6 章　结论与展望

6.1　结论

本书根据耗散结构理论研究了铀矿生物浸出中 *A.f* 菌与 *A. m* 菌协同作用机制。主要结论如下：

1）*A.f* 菌与 *A. m* 菌具有协同作用。研究表明 *A. m* 菌具有铁的还原性，该特性可与 *A.f* 菌的铁氧化性协同浸铀，而且 *A. m* 菌在铁还原过程中能利用 *A.f* 菌产生的有机物进行异养生长，因此可解除有机物对 *A.f* 菌生长繁殖的抑制作用。*A.f* 菌与 *A. m* 菌的最适生长温度都为 30 ℃；*A.f* 菌生长最适 pH 为 2. 0~2. 5，*A. m* 菌生长最适 pH 为 3. 0~3. 5。虽然两种菌最适 pH 不同，但是 *A. m* 菌密度在 pH 为 2. 0 环境下达到了最适 pH 的 53. 9%，*A. m* 菌密度在 pH 为 2. 5 环境下达到了最适 pH 的 75. 5%，因此 *A. m* 菌也能适应 *A.f* 菌的 pH 环境。所以，*A.f* 菌与 *A. m* 菌能在 pH 为 2. 0~2. 5、温度为 30 ℃环境下共同生长，并产生协同作用。

2）铀矿生物浸出中 *A.f* 与 *A. m* 微生物系统具备耗散结构特征。本书分别从理论和试验角度证明了生物浸铀过程中 *A.f* 与 *A. m* 微生物系统满足耗散结构的开放系统、非线性关系、远离平衡态和涨落的四大必要条件。以 745 铀矿为材料的生物浸出中，*A.f* 菌与 *A. m* 菌群在初始 pH 为 1. 8、温度为 30 ℃、矿浆浓度为 5%、Fe^{2+}浓度为5 g/L等的最佳环境条件下，其相互生长为非线性关系，在混合浸出第 48~60 个小时，*A.f* 菌密度稳定在 2.8×10^9 个/毫升左右，*A. m* 菌密度稳定在 2.6×10^8 个/毫升左右，因此 *A.f* 菌与 *A. m* 菌群显然是远离了平衡态，通过涨落，到达耗散结构状态。*A.f* 菌与 *A. m* 菌为 10∶1 菌组中铀的浸出效率比纯 *A.f* 菌组高出 10. 25%，表明 *A.f* 菌与 *A. m* 菌互为协同，提升了铀矿的生物浸出效率。

3）构建了铀矿生物浸出中 *A.f* 菌与 *A. m* 菌生长动力学模型。运用耗散结构理论中的非线性特性，并根据生物浸铀中 *A.f* 菌与 *A. m* 菌协同作用的特点建立了其生长动力学模型，并进一步得出了生物浸铀中 *A.f* 菌与 *A. m* 菌协同作用的稳定态点及其稳定条件。*A.f* 菌与 *A. m* 菌协同作用的稳定条件为 $ab<1$，即 *A.f* 菌与 *A. m* 菌对对方正向贡献率乘积小于 1，微生物系统到达耗散结构，此时生物浸铀效率较高。研究表明通过模型预测的稳定态点与试验 *A.f* 菌与 *A. m* 菌密度相差较小，说明生物浸铀中 *A.f* 菌与 *A. m*

菌生长动力学模型拟合效果较好。

4）厘定了铀矿生物浸出中 *A.f* 菌与 *A. m* 菌协同作用自组织演化过程。通过对铀矿生物浸出过程的研究发现，*A.f* 菌与 *A. m* 菌微生物系统是一个开放系统，并能得到足够强大的外界负熵使系统慢慢远离平衡态，处在非线性区；微生物系统通过不断地协同作用，使得涨落累积放大，引发突变；当 *A.f* 菌与 *A. m* 菌对对方正向贡献率乘积小于 1 时，系统进入耗散结构分支，会自组织稳定在稳定态点 $P_1\left(\frac{1+a}{1-ab}M_1,\ \frac{1+b}{1-ab}M_2\right)$，形成了有序的耗散结构，最终实现高效生物浸出。在初始 pH 为 1.8、温度为 30 ℃及矿浆浓度为 5%等最佳环境条件下，745 尾矿生物浸出中 *A.f* 菌与 *A. m* 菌微生物系统能得到足够强大的外界负熵，*A.f* 菌与 *A. m* 菌互为促进生长，当 *A.f* 菌与 *A. m* 菌对对方正向贡献系数分别为 0.275 和 0.550 时（两者乘积小于 1），*A.f* 菌与 *A. m* 菌微生物系统进入耗散结构分支，*A.f* 菌与 *A. m* 菌密度分别稳定在 4.29×10^9 个/毫升左右和 8.26×10^8 个/毫升左右，在 *A.f* 菌与 *A. m* 菌协同作用下 745 尾矿铀的浸出率为 47%，是纯 *A.f* 菌的 1.5 倍；745 原矿铀的浸出效率高达 98%，比纯 *A.f* 菌高出 10.25%。

5）探索了铀矿生物浸出中 *A.f* 菌与 *A. m* 菌协同作用机制。以 745 铀矿为浸出材料，开展 *A.f* 菌与 *A. m* 菌协同浸铀时，*A. m* 菌的铁还原作用协同 *A.f* 菌的铁氧化作用，促进浸出体系中铁的循环，铁循环使得 *A.f* 菌与 *A. m* 菌获得了更多和更长久的能源物质，促进了它们的生长繁殖；*A.f* 菌在浸铀过程中，会产生有机物，这些有机物会限制 *A.f* 菌的生长繁殖，但 *A. m* 菌在铁还原过程中能利用这些有机物进行异养生长，因此可解除其对 *A.f* 菌生长繁殖的抑制作用，同时产生 CO_2，能进一步为 *A.f* 菌提供了无机碳源。*A.f* 菌与 *A. m* 菌这种碳循环作用机制也促进了它们的生长繁殖，*A.f* 菌与 *A. m* 菌密度会稳定在$\left(\frac{1+a}{1-ab}M_1,\ \frac{1+b}{1-ab}M_2\right)$。*A.f* 菌与 *A. m* 菌协同作用机制主要表现为 *A.f* 菌与 *A. m* 菌的铁循环和碳循环的协同作用。

6.2 展望

1）本书的试验部分初始 pH 为 1.8，pH 在体系内随后会增大，最后减小；若在生物浸铀中一直保持 pH 为 1.8 或为某个最合适数值，能取得什么样的效果值得探索。

2）生物浸铀体系测熵值可直接反映系统的有序程度，如何测熵值以及热力学指标选取也值得深入研究。

3）本书试验数据表明铀矿生物浸出间接作用效果明显，铀矿生物浸出除间接作用外，是否存在直接作用？至今还是一个未解之谜。还需采用物理化学、生物化学、电化学以及微观形貌检测等技术从铀矿物与微生物溶浸液微观界面层次开展系统研究，探明铀矿物与浸矿微生物是否存在直接作用。

4）本书以745铀矿石为生物浸出材料探索了铀矿生物浸出中 *A.f* 菌与 *A.m* 菌协同作用机制，还可多矿石比较研究，分析铀矿生物浸出中 *A.f* 菌与 *A.m* 菌协同作用外在环境条件。

参考文献

[1] 王海洋，荣健. 碳达峰、碳中和目标下中国核能发展路径分析［J］. 中国电力，2021，54（6）：86-94.

[2] 潘自强，张伟星. 中国裂变核能矿产资源可持续发展战略研究［M］. 北京：中国原子能出版社，2016.

[3] 孙占学，马文洁，刘亚洁，刘金辉，周义朋. 地浸采铀矿山地下水环境修复研究进展［J］. 地学前缘，2021，28（5）：215-225.

[4] 胡彦清. 安全高效发展核电助力我国能源绿色低碳转型［J］. 中国电力企业管理，2020（31）：68-70.

[5] 张金带，李子颖，苏学斌，谭亚辉，李胜祥，苏艳茹，李建华，邓平，徐乐昌，潘自强. 核能矿产资源发展战略研究［J］. 中国工程科学，2019，21（1）：113-118.

[6] 牛学军，谭亚辉，苏艳茹，苏学斌，陈昊. 我国铀矿采冶技术发展方向和重点任务［J］. 铀矿冶，2013，32（1）：22-26.

[7] 曾毅君，牛玉清，张飞凤，钟平汝. 中国铀矿冶生产技术进展综述［J］. 铀矿冶，2003，22（1）：24-28.

[8] 徐玲玲，杨洪英，周义朋，黎广荣. 浸铀微生物及其应用［J］. 有色金属（冶炼部分），2020（4）：93-101.

[9] 阙为民，王海峰，牛玉清，张飞凤，谷万成［J］. 中国工程科学，2008，10（3）：44-53.

[10] 刘思维，陈剑朝，陈功新，孙占学，焦学然. 某高氟铀矿石浸矿菌活性匹配试验研究［J］. 有色金属（冶炼部分），2014（5）：49-51，55.

[11] 薛希龙，戴勇，范永亮，张晓，刘德奇，张树文. 硬岩铀矿无废协同开采模式及技术研究［J］. 金属矿山，2020（5）：95-99.

[12] 曾晟，叶文浩，徐华清. 煤型铀矿床煤铀协同开采理论模型［J］. 金属矿山，2020（5）：117-123.

[13] 胡鹏华，李先杰，陈刚，任建军. 中国地浸采铀安全环保现状与展望［J］. 铀矿冶，2019，38（1）：70-74.

[14] CORAL T，DESCOSTESML，DE BOISSEZON H. Microbial communities associated with uranium in -situ recovery mining process are related to acid mine drainage assemblages

[J]. Science of the Total Environment, 2018, 628-629: 26-35.

[15] LAKANIEMI A M, DOUGLAS G B, KAKSONEN A H. Engineering and kinetic aspects of bacterial uranium reduction for the remediation of uranium contaminated environments [J]. Journal of Hazardous Materials, 2019, 371: 198-212.

[16] 赵凯，黎广荣，周义朋，徐玲玲，刘亚洁，孙占学，张万良，倪凤娟，张炜强. 砂岩型铀矿浸出研究进展 [J]. 有色金属（冶炼部分），2019 (6): 40-48.

[17] Geoscience Australia. Australia's in-situ Recovery Uranium Mining Best Practice Grade: Groundwaters Residues and Radiation Protection [R]. 2010: 1-31.

[18] MUDD G M. Critical review of acid in situ leach uranium mining: 2. Soviet Block and Asia [J]. Environmental Geology, 2001, 41 (3-4): 404-416.

[19] F. J, J. F, A. Z. On using a new strain of Acidithiobacillus ferridurans for bioleaching of low-grade uranium [J]. Separation Science and Technology, 2020, 55 (5): 994-1004.

[20] EDWARDS C R, OLIVER A J. Uranium processing: A review of current methods and technology [J]. Journal of the Minerals Metals and Materials Society, 2000, 52 (9): 12-20.

[21] Alexander D. Burns, Parisa Abbasi, David B. Dreisinger. Uranous sulfate precipitation as a novel hydrometallurgical process for uranium purification [J]. Hydrometallurgy, 2016, 163: 49-54.

[22] WORLD NUCLEAR ASSOCIATION. In Situ Leach (ISL) Mining of Uranium (Updated October 2017). website. https: //www. world-nuclear. org/information-library/nuclear-fuel-cycle/mining-of-uranium/in-situ-leach-mining-of-uranium. aspx.

[23] DAVIS J A, CURTIS G P. Consideration of geochemical issues in groundwater restoration at uranium in situ leach mining facilities [C]. 2007, (NUREG/CR-6870. U. S Nuclear Regulatory Commission, Washington, DC, 86 p).

[24] 苏学斌，李喜龙，刘乃忠，王金海，张磊. 环境友好型地浸采铀工艺技术与应用 [J]. 中国矿业，2016，25 (9): 97-100.

[25] 陈梅芳，花明，阳奕汉，周义朋. 循环经济视角下新疆地浸采铀浸出工艺的技术创新与实践 [J]. 中国矿业，2018，27 (3): 100-103.

[26] CAMPBELL M D, WISE H M, RACKELY R I. Uranium in-situ leach development and associated environmental issues [J]. Gulf Coast Assoc. Geol. Soc. Trans. 2007, 57: 99-114.

[27] 苏学斌，杜志明. 我国地浸采铀工艺技术发展现状与展望 [J]. 中国矿业，2012，21 (9): 79-83.

[28] 周义朋，沈照理，史维浚，孙占学，刘金辉，刘亚洁. 地浸采铀工艺分类方法的探讨 [J]. 有色金属（冶炼部分），2015（1）：37-41.

[29] 刘金辉，周义朋，刘亚洁，孙占学，史维浚，胡宝群. 生物地浸采铀研究新进展 [J]. 中国矿业，2012，21（S1）：262-264.

[30] TAN Y，LIAO W，JIANG Y. Technological innovation and development of in-situ leaching uranium in China [C]. Proceedings of ALTA2018 Uranium-REE-Lithium Sessions，ALTA Metallurical Services Publications，2018：1-9.

[31] 焦学然. 高氟铀矿浸铀菌群选育及浸出关键技术研究 [D]. 北京：中国地质大学，2016.

[32] 李江，刘亚洁，车江华，饶军. 微生物柱浸法从铀矿石堆浸尾渣中回收铀的研究 [J]. 有色金属（冶炼部分），2012（11）：37-40.

[33] KAKSONEN A H，PERROT F，MORRIS C，REA S，BENVIE B，AUSTIN P，HACKL R. Evaluation of submerged bio-oxidation concept for refractory gold ores [J]. Hydrometallurgy，2014，141：117-125.

[34] 王清良，胡鄂明，李锦鹏，阳奕汉，蒋小辉，徐益群，邱冠周. 地浸采铀细菌浸出试验研究 [J]. 矿冶工程，2010，30（4）：5-8.

[35] 苏学斌. 第三代铀采冶技术有望成为“走出去”的新生力量 [J]. 中国核工业，2015（11）：28-29.

[36] Zhou Yipeng，Li Guangrong，Xu Lingling，Liu Jinhui，Sun Zhanxue，Shi Weijun. Uranium recovery from sandstone-type uranium deposit by acid in-situ leaching - an example from the Kujieertai [J]. Hydrometallurgy，2020，191（C）.

[37] 周义朋，沈照理，何江涛，刘金辉，史维浚. 某砂岩型铀矿床矿石微生物浸出试验 [J]. 有色金属（冶炼部分），2014（10）：54-56.

[38] 孙占学，刘金辉，刘亚洁，李江，陈功新，王学刚，李学礼，史维浚. 硬岩铀矿生物堆浸研究进展 [J]. 中国矿业，2012，21（S1）：422-423.

[39] 李兴华，陈功新，孙占学，刘金辉，史维浚. 难浸铀矿石微生物浸铀试验 [J]. 有色金属（冶炼部分），2016（10）：29-32.

[40] 朱曙光，王清良，刘书衡，杨仕教. 高氟铀矿石提铀降氟工艺研究 [J]. 中国矿业，2009，18（4）：74-77.

[41] 邱冠周，刘学端. 用生物技术的钥匙开启矿产资源利用的大门 [J]. 中国有色金属学报，2019，29（9）：1848-1858.

[42] Eisapour M.，Keshtkar A.，Moosavian M. A.，et al. Bioleaching of uranium in batch stirred tank reactor：Process optimization using Box-Behnken design [J]. Annals of

Nuclear Energy, 2013, 54 (4): 245-250.
[43] 文旭祥，孙占学，周义朋，徐玲玲，刘顺亮. 微生物浸铀研究进展 [J]. 中国有色金属学报，2020，30 (2)：411-420.
[44] Paula Bacelar-Nicolau, D. Barrie Johnson. Leaching of pyrite by acidophilic heterotrophic Iron-oxidizing bacteria in pure and mixed cultures [J]. Applied and Environmental Microbiology, 1999, 65 (2): 585-590.
[45] D. Barrie Johnson. Biodiversity and ecology of acidophilic microorganisms [J]. FEMS Microbiology Ecology, 1988, 27: 307-317.
[46] 刘宏伟. *Acidithiobacillus ferrooxidans* 与 *Acidiphilium acidophilum* 共培养体系的协同作用及其生物浸出研究 [D]. 湖南：中南大学，2013.
[47] NGUYEN V K, LEE M H, PARK H J, LEE J U. Bioleaching of arsenic and heavy metals from mine tailings by pure and mixed cultures of Acidithiobacillus spp [J]. Journal of Industrial and Engineering Chemistry, 2015, 21: 451-458.
[48] Xiao YH, Liu XD, Ma LY, Liang YL, Niu JJ, Gu YB, Zhang X, Hao XD, Dong WL, She SY, Yin HQ. Microbial communities from different subsystems in biological heap leaching system play different roles in iron and sulfur metabolisms [J]. Applied Microbiology and Biotechnology, 2016, 100 (15): 6871-6880.
[49] Danilo Borja, Kim Anh Nguyen, Rene A. Silva, Emmanuel Ngoma, Jochen Petersen, Susan T. L. Harrison, Jay Hyun Park, Hyunjung Kim. Continuous bioleaching of arsenopyrite from mine tailings using an adapted mesophilic microbial culture. Hydrometallurgy, 2019, 187: 187-194.
[50] Ronghui Liu, Yanzhi Chen, Zhuang Tian, Zhenghua Mao, Haina Cheng, Hongbo Zhou, Wei Wang. Enhancing microbial community performance on acid resistance by modified adaptive laboratory evolution [J]. Bioresource Technology, 2019, 287: 121416.
[51] Lijuan Zhang, Wenbo Zhou, Yongdi Liu, Honghua Jia, Jun Zhou, Ping Weib, Hongbo Zhou. Bioleaching of dewatered electroplating sludge for the extraction of base metals using an adapted microbial consortium: Process optimization and kinetics [J]. Hydrometallurgy, 2020, 191: 105.
[52] 张仕奇，杨洪英，佟琳琳，李佳峰，马鹏程，陈国民. 硫化矿细菌浸出机理及协同作用研究现状 [J]. 有色金属（冶炼部分），2021 (4)：1-10.
[53] 尹升华，王雷鸣，吴爱祥，陈勋，严荣富，齐炎. 我国铜矿微生物浸出技术的研究进展 [J]. 工程科学学报，2019，41 (2)：143-158.
[54] Yu Yang, Mengxue Diao, Kai Liu, Lin Qian, Anh V. Nguyen, Guanzhou Qiu. Column

bioleaching of low-grade copper ore by Acidithiobacillus ferrooxidans in pure and mixed cultures with a heterotrophic acidophile Acidiphilium sp [J]. Hydrometallurgy, 2013, 131-132: 93-98.

[55] GURUNG A, CHAKRABORTY R. The role of Acidithiobacillus ferrooxidans in alleviating the inhibitory effect of thiosulfate on the growth of acidophilic Acidiphilium species isolated from acid mine drainage samples from Garubathan, India [J]. Canadian Journal of Microbiology, 2009, 55 (9): 1040-1048.

[56] Wang X, Liao B, Nie S, et al. Improvement of uranium bioleaching from uranium embedded in granite using microwave pretreatment [J]. Journal of Radioanalytical and Nuclear Chemistry, 2021, 329 (2): 1-10.

[57] 曾伟民. 黄铜矿生物浸出过程中钝化膜的形成机制及其消除方法探讨 [D]. 长沙: 中南大学, 2011.

[58] 李 江, 刘亚洁, 周谷春, 车江华. 低品位铀矿石微生物柱浸试验 [J]. 有色金属(冶炼部分), 2012 (6): 36-39.

[59] 李淑芳. 铀尾矿堆中优势细菌的分离鉴定及其对铀矿浸出的影响 [D]. 衡阳: 南华大学, 2015.

[60] 王永东. 浸铀异养微生物的筛选及黑曲霉浸铀机理研究 [D]. 衡阳: 南华大学, 2014.

[61] Yang U, Mengxue Diao, Kai Liu, Lin Qian, Anh V. Nguyen, Guanzhou Qiu. Column bioleaching of low-grade copper ore by Acidithiobacillus ferrooxidans in pure and mixed cultures with a heterotrophic acidophile Acidiphilium sp. Hydrometallurgy, 2013, 131-132: 93-98.

[62] Anna Panyushkina, Aleksandr Bulaev, Aleksandr V. Belyi. Unraveling the Central Role of Sulfur-Oxidizing Acidiphilium multivorum LMS in Industrial Bioprocessing of Gold-Bearing Sulfide Concentrates [J]. microorganisms, 2021, 9 (5): 984.

[63] Micciche A C, Barabote R D, Dittoe D K, Ricke S C. In silico genome analysis of an acid mine drainage species, Acidiphilium multivorum, for potential commercial acetic acid production and biomining [J]. Journal of environmental science and health. Part. B, Pesticides, food contaminants, and agricultural wastes, 2020, 55 (5): 447-454.

[64] 张燕飞, 彭安安, 杨宇, 柳建设, 邱冠周. 嗜酸兼性异养菌 Acidiphilium sp. DX1-1 的分离、特征及其浸矿行为 (英文) [J]. Transactions of Nonferrous Metals Society of China, 2013, 23 (6): 1774-1782.

[65] Wang X, Jiang H, Zheng G, et al. Recovering iron and sulfate in the form of mineral

from acid mine drainage by a bacteria-driven cyclic biomineralization system [J]. Chemosphere, 2021, 262: 127567.

[66] Johnson D B, Bridge T A M. Reduction of ferric iron by acidophilic heterotrophic bacteria: evidence for constitutive and inducible enzyme systems in Acidiphilium spp [J]. Journal of applied microbiology, 2002, 92 (2).

[67] 刘艳阳，陈志伟，姜成英，刘双江. 一株嗜酸化能异养菌 Acidiphilium sp. 的分离鉴定及其对 Fe（Ⅲ）代谢的研究 [J]. 微生物学报，2007 (2): 350-354.

[68] 洪娴静，冯守帅，仝艳军，杨海麟. 基于铁氧化/还原菌改善黄铁矿-水草酸解液体系下低品位辉铜矿生物浸出过程 [J]. 微生物学通报，2021，48 (11): 3971-3984.

[69] 普利高津，尼科里斯. 探索复杂性 [M]. 成都：四川教育出版社，2010：22-41.

[70] 申维. 耗散结构、自组织、突变理论与地球科学 [M]. 北京：地质出版社，2008. 04.

[71] 李继宏. 基于耗散结构理论的生态产业链网结构运行机制研究 [D]. 天津：天津大学，2013.

[72] 潘立友，牛衍凯，寇天司. 深部复杂立体边界采场冲击地压防控技术研究 [J]. 岩土工程学报，2022，44 (6): 1124-1132.

[73] 王展昭，唐朝阳. 区域创新生态系统耗散结构研究 [J]. 科学学研究，2021，39 (1): 170-179.

[74] 陈晓东，杨晓霞. 数字经济发展对产业结构升级的影响——基于灰关联熵与耗散结构理论的研究 [J]. 改革，2021 (3): 26-39.

[75] 乐励华，吴伟成. 成矿系统中的耗散结构——以聚铀过程为例 [J]. 西北建筑工程学院学报，1996 (3): 189.

[76] 范钢伟，张东升，陈铭威，张世忠. 采动覆岩裂隙体系统耗散结构特征与突变失稳阈值效应 [J]. 采矿与安全工程学报，2019，36 (6): 1093-1101.

[77] 王春来，廖泽锋，李长峰，陈增，石峰，李广永，李海涛. 花岗岩岩爆声发射时空熵值动态特征实验研究 [J]. 采矿与安全工程学报，2019，36 (3): 627-633.

[78] 於崇文. 成矿作用与耗散结构 [J]. 地质学报，1987 (4): 336-349.

[79] 王京贵. 铀矿成矿过程的耗散结构分析 [J]. 华东地质学院学报，1993 (1): 1-6.

[80] 付焱焱，蒋兵，李振宁. 耗散结构理论视域下山东省水资源系统演化机制研究 [J]. 中国农村水利水电，2022 (5): 178-183.

[81] 袁野，汪书悦，陶于祥. 人工智能关键共性技术创新生态系统构建及其演化机制 [J]. 科技管理研究，2021，41 (18): 1-9.

[82] 秦四清. 初论岩体失稳过程中耗散结构的形成机制 [J]. 岩石力学与工程学报，2000，19 (3): 265-269.

[83] 李英华. 深部工程高地应力下岩爆发生机制及判据研究 [D]. 北京：中国地质大学，2013.

[84] 胡传宇，梅甫定，张文龙，张倓. 深部岩爆演化机制的耗散结构理论分析 [J]. 矿业研究与开发，2019，39 (2)：46-50.

[85] Llovet Xavier, Moy Aurélien, Pinard Philippe T., Fournelle John H.. Electron probe microanalysis: A review of recent developments and applications in materials science and engineering [J]. Progress in Materials Science, 2021, 116: 100673

[86] Matthews Mike B, Kearns Stuart L, Buse Ben. Low-Voltage Electron-Probe Microanalysis of Uranium [J]. Microscopy and microanalysis, 2021, 27 (3): 466-483.

[87] 王军鹏，李福鹏. 地质学教学中普及大型仪器相关知识的探索和思考——以电子探针显微分析技术为例 [J]. 中国地质教育，2020，29 (4)：107-110.

[88] GB/T 4930—2021，微束分析 电子探针显微分析 标准样品技术条件导则 [S].

[89] Scott W. Bailey, Donald S. Ross, Nico Perdrial, Michael Jercinovic, Jeffrey Webber, Rebecca Bourgault. Determination of Primary Mineral Content and Calcium Sources in Forest Soils using Electron Probe Microanalysis Mapping and Cluster Analysis [J]. Soil Science Society of America Journal, 2019, 83 (6): 1830-1841.

[90] 黄尧，赵南京，孟德硕，左兆陆，程钊，陈宇男，陈晓伟，谷艳红. 土壤多组分PAHs激光诱导二维荧光光谱定量方法研究（英文）[J]. 中国光学，2020，13 (6)：1401-1410.

[91] 张韩静，陈勇，王淼，王学军，赵振宇，刘庆，张学军，黎萍，韩冬梅. 荧光光谱定量表征不同成熟度的同源混合原油——以东营凹陷沙四段为例 [J]. 光谱学与光谱分析，2019，39 (11)：3414-3419.

[92] 谷艳红，左兆陆，张振振，石朝毅，高先和，卢军. 土壤石油烃总量三维荧光光谱定量分析方法研究（英文）[J]. 中国光学，2020，13 (4)：852-865.

[93] 应海松，张建波，李斐真. 连续小波变换-X射线荧光光谱定量分析铁矿石中二价铁 [J]. 冶金分析，2019，39 (10)：8-13.

[94] 杨佳，杜苗，薛瑞. 电感耦合等离子体发射光谱（ICP-OES）法快速测定华阳川铀多金属矿中铌和铅 [J]. 中国无机分析化学，2021，11 (1)：26-29.

[95] 武宝利，战景明，杨凯，苏丽霞. 铀的分析方法研究进展 [J]. 冶金分析，2021，41 (1)：47-54.

[96] Qingzhou Li, Wen Zhang, Zhiyang Tang, Ran Zhou, Jiujiang Yan, Chenwei Zhu, Kun Liu, Xiangyou Li, Xiaoyan Zeng. Determination of uranium in ores using laser-induced breakdown spectroscopy combined with laser-induced fluorescence [J]. Journal of

Analytical Atomic Spectrometry，2020，35（3）：626-631.
［97］刘佳晨. 原位浸铀菌株选育及其在植菌试验中的应用［D］. 江西：南昌东华理工大学，2021.
［98］王世俊，周仲魁，葛玉波，孙占学，王丝雨. 外源硫和Fe～（3+）对低硫铀矿生物浸出的影响［J］. 有色金属（冶炼部分），2021（4）：76-83.
［99］王廷健，周仲魁，孙占学，程丹丹，葛玉波. 黄铁矿添加量对微生物浸出的影响［J］. 有色金属（冶炼部分），2020（7）：53-58.
［100］魏嘉欣. 两株嗜酸性浸铀菌混合培养及产胞外聚合物特性研究［D］. 南昌：东华理工大学，2021.
［101］李楠. 高效铀吸附材料的设计制备及性能研究［D］. 济南：山东大学，2021.
［102］肖方竹. 耐辐射奇球菌铀胁迫应激及dsrA基因转化对其铀还原富集性能的影响［D］. 南华大学，2020.
［103］黄志勇. 不同地质环境中微生物群落与极端微生物的研究［D］. 兰州：兰州大学，2019.
［104］谷秀凤. 嗜酸性氧化亚铁硫杆菌密度系统afeR与gph基因功能的研究［D］. 济南：山东大学，2020.
［105］刘宏伟，梁伊丽，尹华群，戴志敏，戴艳霞，刘学端. 葡萄糖对嗜酸氧化亚铁硫杆菌与Acidiphilium acidophilum共培养的影响［J］. 微生物学通报，2013，40（9）：1580-1589.
［106］胡凯光，胡鄂明，康泉，洪春林，谢国声. 细菌浸矿机理和影响因素［J］. 中国矿业，2004（4）：75-79.
［107］王军. 低品位复杂硫化铜矿生物浸出的研究与应用［D］. 长沙：中南大学，2011.
［108］Yu Y，Qian L，Guangyue L，et al. Depth-induced deviation of column bioleaching for uranium embedded in granite porphyry by defined mixed acidophilic bacteria［J］. Journal of Radioanalytical and Nuclear Chemistry，2022，331（9）：3681-3692.
［109］Ulloa Ricardo，Moya-Beltrán Ana，Rojas-Villalobos Camila，Nuñez Harold，Chiacchiarini Patricia，Donati Edgardo，Giaveno Alejandra，Quatrini Raquel. Domestication of Local Microbial Consortia for Efficient Recovery of Gold Through Top-Down Selection in Airlift Bioreactors［J］. Frontiers in microbiology，2019，10：60.
［110］Zhou Qingyang，Gao Jingqing，Li Yonghong，Zhu Songfeng，He Lulu，Nie Wei，Zhang Ruiqin. Bioleaching in batch tests for improving sludge dewaterability and metal removal using Acidithiobacillus ferrooxidans and Acidithiobacillus thiooxidans after cold acclimation［J］. Water science and technology：a journal of the International Association

on Water Pollution Research, 2017, 76 (6): 1347-1359.

[111] Xinping Yang, Shimei Wang, Yujiao Liu, Yin Liang. A Comparative Study of the Biodesulfurization Efficiency of Acidithiobacillus ferrooxidans LY01 Cells Domesticated with Ferrous Iron and Pyrite [J]. Geomicrobiology Journal, 2016, 33 (6): 488-493.

[112] 王超远. 氧化亚铁硫杆菌浸出硫化铜矿试验研究 [D]. 包头: 内蒙古科技大学, 2020.

[113] 李翰林, 李茹. 氧化亚铁硫杆菌的生长特性及驯化 [J]. 西安工程大学学报, 2017, 31 (1): 41-45, 51.

[114] 卢涛. 难处理金钼矿石的微生物浸出研究 [D]. 沈阳: 东北大学, 2016.

[115] 魏嘉欣. 两株嗜酸性浸铀菌混合培养及产胞外聚合物特性研究 [D]. 南昌: 东华理工大学, 2021: 29-31.

[116] Akob Denise M., Hallenbeck Michelle, Beulig Felix, Fabisch Maria, Kuesel Kirsten, Keffer Jessica L., Woyke Tanja, Shapiro Nicole, Lapidus Alla, Klenk Hans Peter, Chan Clara S.. Mixotrophic Iron-Oxidizing Thiomonas Isolates from an Acid Mine Drainage-Affected Creek [J]. Applied and environmental microbiology, 2020, 86 (24): e01424-20.

[117] Wasim Sajjad, Guodong Zheng, Ghufranud Din, Xiangxian Ma, Muhammad Rafiq, Wang Xu. Metals Extraction from Sulfide Ores with Microorganisms: The Bioleaching Technology and Recent Developments [J]. Transactions of the Indian Institute of Metals, 2019, 72 (3): 559-579.

[118] 刘磊. 微生物富集铀的机理及生物学效应研究 [D]. 合肥: 中国科学技术大学, 2019.

[119] 郭勤, 苗瑾超, 张宏举, 王慧, 高蕾. 江西某铀矿堆浸尾渣微生物群落演替研究 [J]. 湖南有色金属, 2017, 33 (6): 28-31.

[120] Yihai Chen, Donghe Yang, Guangsheng Li, Qing Liu, Tao Huang. Patent Analysis of Sulfur Autotrophic Denitrification Technology in China [C] //Proceedings of 5th International Conference on Economics and Management, Education, Humanities and Social Sciences (EMEHSS 2021).

[121] Silva J A M, Ueda Y. Memory Effects on the Stability of Viscoelastic Timoshenko Systems in the Whole 1D-Space [J]. Funkcialaj Ekvacioj, 2023, 66 (2): 71-123.

[122] Qunxi Gong, Min Chen, Xianli Zhao, Zhigeng Ji. Sustainable Urban Development System Measurement Based on Dissipative Structure Theory, the Grey Entropy Method and Coupling Theory: A Case Study in Chengdu, China [J]. Sustainability, 2019,

11 (1): 293.

[123] Zhaoying ZUO, Gang LIU, and Hongwei LI. RESEARCH ON INSPECTION AND CERTIFICATION INDUSTRY BASED ON DISSIPATIVE STRUCTURE THEORY [J]. Thermal Science, 2019, 23 (5): 2839-2848.

[124] Hu Mengdie, Pang Lan. Research on Ideological and Political Construction of Physical Education Curriculum from the Perspective of Dissipative Structure Theory [P]. 4th International Seminar on Education Research and Social Science (ISERSS 2021), 2022.

[125] Wang Yueqi, Dan Dan, Zhang Yangjun, Qian Yuping, Panchal Satyam, Fowler Michael, Li Weifeng, Tran ManhKien, Xie Yi. A novel heat dissipation structure based on flat heat pipe for battery thermal management system [J]. International Journal of Energy Research, 2022, 46 (11): 15961-15980.

[126] Wang Zuojie, Gao Xiangyu, Zhao Zetao, Liu Yakai, Meng Ya. Seismic fragility assessment of traditional air-cooled support structure and air-cooled support energy dissipation structure based on IDA method [J]. Structures, 2022, 39.

[127] Kawashima Shuichi, Shibata Yoshihiro, Xu Jiang. Dissipative structure for symmetric hyperbolic-parabolic systems with Korteweg-type dispersion [J]. Communications in Partial Differential Equations, 2022, 47 (2): 378-400.

[128] M. A. Filippov, M. S. Khadyev, N. N. Ozerets, S. M Nikiforova, V. V. Legchilo. Formation of Dissipative Structure of Metastable Austenite for Raising the Abrasive Wear Resistance of Steels of Pearlitic and Ledeburitic Classes [J]. Metal Science and Heat Treatment, 2020, 62 (3-4): 210-219.

[129] Liguo Zang, Yizhang Cai, Baosheng Wang, Rongdong Yin, Fen Lin, Peng Hang. Optimization design of heat dissipation structure of inserts supporting run-flat tire [J]. Proceedings of the Institution of Mechanical Engineers, Part D: Journal of Automobile Engineering, 2019, 233 (14): 3746-3757.

[130] Deng Jie, Liu Wei, Sun Mo, Walther Andreas. Dissipative Organization of DNA Oligomers for Transient Catalytic Function [J]. Angewandte Chemie, 2022, 61 (10): e202113477.

[131] Lecarpentier Yves, Claes Victor, Hébert JeanLouis, Krokidis Xénophon, Schussler Olivier, Vallée Alexandre. Friction in Myocardial Anoxia Leads to Negative Excess Entropy Production, Self-Organization, and Dissipative Structures [J]. International Journal of Molecular Sciences, 2022, 23 (13): 6967.

[132] Plaza Ramón G., Valdovinos José M.. Dissipative structure of one-dimensional isothermal compressible fluids of Korteweg type [J]. Journal of Mathematical Analysis and Applications, 2022, 514 (2): 126336.

[133] 袁敦磊. 基于熵理论的高速铁路联调联试标准化管理体系研究 [J]. 铁道运输与经济, 2020, 42 (4): 48-53.

[134] 徐丽娟, 赵 焱, 张文鸽, 杜 凯, 苏晓慧, 张翔宇, 郭欣伟. 基于耗散结构理论的水资源复杂系统演化研究 [J]. 人民黄河, 2018, 40 (11): 56-61.

[135] Yunlong Z, Weizhi X, Dongsheng D, et al. Stochastic Optimization of Dissipation Structures Based on Lyapunov Differential Equations and the Full Stress Design Method [J]. Buildings, 2023, 13 (3): 665-665.

[136] Shiyuan G, Wei Z. Building carbon neutrality goals break down strategies for sustainable energy develop pment [J]. International Journal of Emerging Electric Power Systems, 2022, 23 (6): 899-911.

[137] 刘玲玲, 于师建. 基于耗散结构的地铁火灾演变机理研究 [J]. 消防科学与技术, 2017, 36 (5): 603-606.

[138] V. B. Malkov, G. P. Shveikin, S. V. Plaksin, V. G. Pushin, A. V. Malkov, O. V. Malkov, B. V. Shul' gin. Nanothin Spatial Dissipative Structures with Rotational Curving of the Grid around Three Mutually Perpendicular Directions [J]. Doklady Physical Chemistry, 2019, 488 (2): 158-160.

[139] 凌斯祥, 巫锡勇, 孙春卫, 廖昕. 黑色页岩化学风化过程的微观机制及演化 [J]. 成都理工大学学报（自然科学版）, 2017, 44 (2): 195-204.

[140] 蒙健堃. 普里高津创立和发展耗散结构理论的方法探析——纪念伊利亚·普里高津诞辰 100 周年 [J]. 系统科学学报, 2017, 25 (1): 61-64.

[141] Qin Yuchen, Yao Minfeng, Shen Lan, Wang Qichen. Comprehensive Evaluation of Functional Diversity of Urban Commercial Complexes Based on Dissipative Structure Theory and Synergy Theory: A Case of SM City Plaza in Xiamen, China [J]. Sustainability, 2021, 14 (1): 67.

[142] Miaomiao R. Analysis of higher education management strategy based on entropy and dissipative structure theory [J]. Applied Mathematics and Nonlinear Sciences, 2022, 8 (1): 1529-1538.

[143] Chen Yuanyuan, Liu Tuo, Sun Suwan, Guo Hairun. Temporal dissipative structures in optical Kerr resonators with transient loss fluctuation [J]. Optics express, 2021, 29 (22): 35776-35791.

[144] Li Wanlian, Zeng Feng, Zhou Wei, Chen Zhishao. Internet Public Opinion Diffusion Mechanism in Public Health Emergencies: Based on Entropy Flow Analysis and Dissipative Structure Determination [J]. Frontiers in Public Health, 2021, 9: 731080.

[145] Yves L, Victor C, JeanLouis H, et al. Friction in Myocardial Anoxia Leads to Negative Excess Entropy Production, Self-Organization, and Dissipative Structures [J]. International Journal of Molecular Sciences, 2022, 23 (13): 6967-6967.

[146] 沈小峰，胡岗，姜璐. 耗散结构论 [M]. 上海：上海人民出版社，1987.

[147] 鲁圣鹏，李雪芹，汤蒂莲. 耗散结构视阈下城市零废弃物管理系统演化机制研究 [J]. 生态经济，2019，35 (9)：102-107.

[148] Sipan Li, Qunxi Gong, Shaolei Yang. A Sustainable, Regional Agricultural Development Measurement System Based on Dissipative Structure Theory and the Entropy Weight Method: A Case Study in Chengdu, China [J]. Sustainability, 2019, 11 (19): 5313.

[149] 刘金辉，吴为荣. 氧化亚铁硫杆菌实验室浸铀试验 [J]. 金属矿山，2008 (10)：64-66.

[150] 刘亚洁，柳建设，李 江，孙占学，徐玲玲，徐蔚云，陈功新，王学刚. 含氟铀矿石酸法堆浸与生物堆浸体系微生物群落多样性比较 [J]. 有色金属 (冶炼部分)，2016 (3)：26-31.

[151] 李江，刘亚洁，郑志宏，袁宝华，沈川，史维浚. 酸化酸度对微生物浸铀的影响 [J]. 东华理工大学学报 (自然科学版)，2012，35 (3)：246-249.

[152] 周仲魁，孙占学，高峰，高柏. 铀矿石不同酸度下细菌的溶浸试验 [J]. 有色金属 (冶炼部分)，2012 (11)：52-55.

[153] 王学刚，高旭，孙占学，刘亚洁，郑志宏，王俊. 细菌接种量对铀生物浸出的影响 [J]. 有色金属 (冶炼部分)，2018 (5)：46-49.

[154] 石健，王东升，邹开云. 耐高铀浓度氧化亚铁硫杆菌的驯化及其反应动力学 [J]. 南通大学学报 (自然科学版)，2014，13 (3)：24-27.

[155] 高旭. 铀矿生物浸出影响因素及电化学行为研究 [D]. 南昌：东华理工大学，2019.

[156] 李广悦，陶露，孙静，王永东，李芳艳. 黑曲霉浸铀过程中的形态特征及其对铀浸出的影响 [J]. 稀有金属，2019，43 (10)：1085-1091.

[157] H. ZARE TAVAKOLI, M. ABDOLLAHY, S. J. AHMADI, A. KHODADADI DARBAN. Enhancing recovery of uranium column bioleaching by process optimization and kinetic modeling [J]. Trans. Nonferrous Met. Soc. China 27 (2017) 2691-2703.

[158] 葛玉波. 黄铁矿强化低硫铀矿生物浸出工艺及机理研究 [D]. 南昌：东华理工大学，2021：16-17.

[159] 郭勤，韩文艳，李江，刘亚洁，史维浚，郑福存. 氯离子对氧化亚铁硫杆菌和氧化亚铁钩端微螺菌活性的影响 [J]. 有色金属（冶炼部分），2015（1）：42-45.

[160] 钱林. Acidithiobacillus ferrooxidans 和 Acidiphilium spp. 细菌的分离鉴定及其协同浸出黄铜矿能力研究 [D]. 长沙：中南大学，2008.

[161] 邱冠周，刘学端，周洪波. Microbial community structure and function in sulfide ore bioleaching systems [J]. Transactions of Nonferrous Metals Society of China，2008，18（6）：1295-1301.

[162] 杨宇，朱振宇，胡婷婷，张梦君，邱冠周. 不同铁硫比的黄铜矿浸出过程中微生物群落能量代谢结构的变化（英文）[J]. Journal of Central South University，2021，28（7）：2022-2036.

[163] 郝晓东，刘学端，朱萍，梁伊丽，邱冠周，马宏卿，刘艳，刘前进，任丽英，Emmanuel Konadu SARKODIE，刘宏伟. 细粒铜尾矿生物柱浸体系下细菌群落对潜在的铺矿形式的响应（英文）[J]. Transactions of Nonferrous Metals Society of China，2021，31（6）：1796-1805.

[164] 邬柏强，何万里，杨宝军，廖蕤，周祎，刘玉玲，林墨，邱冠周，王军. 极端嗜酸古菌 Ferroplasma thermophilum 合成胞内含钴铁纳米颗粒（英文）[J]. Journal of Central South University，2020，27（5）：1443-1452.

[165] 申丽，王俊俊，刘宏伟，尹华群，刘学端，邱冠周，刘毅. 黄铁矿生物浸出过程中在不同生长时期引入 Leptospirillum ferriphilum YSK 对土著浸矿微生物群落结构和功能的影响（英文）[J]. Journal of Central South University，2020，27（5）：1453-1465.

[166] 于苗苗. FISH 和 Q-PCR 技术在生物地浸样品分析中的应用 [D]. 南昌：东华理工大学，2016：16-17.

[167] 席唱白，迟瑶，钱天陆，等. 动物种群动态模型研究的进展与展望 [J]. 生态科学，2019，38（2）：225-232.

[168] Pedram Hossein，Hosseini Mohammad Raouf，Bahrami Ataallah. Utilization of A. niger strains isolated from pistachio husk and grape skin in the bioleaching of valuable elements from red mud [J]. Hydrometallurgy，2020，198：105495.

[169] Jing S，Fang J M，Qian L，et al. Role of Fe/S ratios in the enhancement of uranium bioleaching from a complex uranium ore by Acidithiobacillus ferrooxidans and Acidithiobacillus thiooxidans consortium [J]. Journal of Central South University，

2023, 29 (12): 3858-3869.

[170] Guoqiang Ren, Bin Liu. Global existence and asymptotic behavior in a two-species chemotaxis system with logistic source [J]. Journal of Differential Equations, 2020, 269 (2): 1484-1520.

[171] Feng, X, Lin, M, Liu, W, Yan, C, Liu, L. Modeling and Analysis for Uncertainty In Logistic Chains Based On Logical Time Petri Nets [J]. Journal of Engineering, 2020, 8: 61665-61671.

[172] Apollonov,S V. V. Yu. Kazantsev. Self-Organization of Dissipative Structures in Gas-Discharge Plasma of Self-Initiated Volume Discharge [J]. Bulletin of the Lebedev Physics Institute, 2019, 46 (5): 161-164.

[173] Hashimoto T., Amino N., Nishitsuji S., Takenaka M. Hierarchically self-organized filler particles in polymers: cascade evolution of dissipative structures to ordered structures [J]. Polymer Journal, 2019, 51 (2): 109-130.

[174] Umavathi J. C. Rayleigh-Benard convection subject to time dependent wall temperature in a porous medium layer saturated by a nanofluid [J]. Meccanica, 2015, 50 (4): 981-994.

[175] Chen J. G., Chen X. Q., Zhao W. Y., Yu X. B., Wang X. J. Experimental study on the characteristics of a debris-flow drainage channel with an energy dissipation structure [J]. Bulletin of Engineering Geology and the Environment. 2017, 76 (1): 341-351.

[176] Beznosyuk S. A., Zhukovsky, M. S. Multiscale space-time dissipative structures in materials: Two-electron genesis of nonequilibrium electromechanical interfaces [J]. Physical Mesomechanics. 2017, 20 (1): 102-110.

[177] Kudryashov N. A., Ryabov P. N., Petrov B. A. Dissipative structures of the Kuramoto-Sivashinsky equation [J]. Automatic Control and Computer Sciences, 2015, 49 (7): 508-513.

[178] Bampole D. L., Mulaba-Bafubiandi A. F. Mesophilic bioleaching performance of copper, cobalt and nickel with emphasis on complex orebodies of the Democratic Republic of Congo: a review of dynamic interactions between solids loading, microbiota activity and growth [J]. Energy, Ecology and Environment. 2020, 5 (32): 61-83.

[179] Peng T. J., Zhou D., Liu Y. N., Yu R. L., Qiu G. Z., Zeng W. M. Effects of pH value on the expression of key iron/sulfur oxidation genes during bioleaching of chalcopyrite on thermophilic condition [J]. Annals of Microbiology. 2019, 69 (6): 627-635.

[180] Chen, S., Yang, Y., Liu, C., Dong, F., Liu, B.. Column bioleaching copper and its kinetics of waste printed circuit boards (WPCBs) by Acidithiobacillus ferrooxidans. Chemosphere [J]. 2015, 141: 162-168.

[181] Rastegar S. O., Mousavi S. M., Shojaosadati S. A., Mamoory R. S. Bioleaching of V, Ni, and Cu from residual produced in oil fired furnaces using Acidithiobacillus ferrooxidans [J]. Hydrometallurgy. 2015, 157: 50-59.

[182] Zhou Z. K., Yang Z. H., Sun Z. X., Chen G. X., Xu L. L., Liao Q. Optimization of bioleaching high-fluorine and low-sulfur uranium ore by response surface method [J]. Journal of Radioanalytical and Nuclear Chemistry. 2019, 322 (2): 781-790.

[183] Tavakoli H. Z., Abdollahy M., Ahmadi S. J. Khodadadi Darban. The effect of particle size, irrigation rate and aeration rate on column bioleaching of uranium ore [J]. Russian Journal of Non-Ferrous Metals. 2017, 58 (3): 188-199.

[184] Zhou Y. P., Li G. R., Xu L. L., Liu J. H., Sun Z. X., Shi W. J. Uranium recovery from sandstone-type uranium deposit by acid in-situ leaching - an example from the Kujieertai [J]. Hydrometallurgy. 2018, 191: 105209.

[185] 曾伟民，蔡宇鑫，侯春伟，刘阿娟，彭堂见，陈淼，邱冠周，申丽. 黄铜矿与黄铁矿的生物浸出过程中 Sulfobacillus thermosulfidooxidans ST 胞外 DNA 的差异性研究(英文)[J]. Journal of Central South University, 2020, 27 (5): 1466-1476.

[186] Zane GM, Yen HCB, Wall JD. Effect of the deletion of qmoABC and the promoter-distal gene encoding a hypothetical protein on sulfate reduction in Desulfovibrio vulgaris hildenborough [J]. Applied and Environmental Microbiology, 2010, 76 (16): 5500-5509.

[187] Urbieta MS, Rascovan N, Vázquez MP, Donati E. Genome analysis of the thermoacidophilic archaeon Acidianus copahuensis focusing on the metabolisms associated to biomining activities [J]. BMC Genomics, 2017, 18: 445.

[188] Giaveno MA, Urbieta MS, Ulloa JR, Toril EG, Donati ER. Physiologic versatility and growth flexibility as the main characteristics of a novel thermoacidophilic Acidianus strain isolated from Copahue geothermal area in Argentina [J]. Microbial Ecology, 2013, 65 (2): 336-346.

[189] 朱萍，刘学端，陈爱佳，刘宏伟，尹华群，邱冠周，郝晓东，梁伊丽. 不同碳材料辅助下混合中度嗜热微生物浸出黄铜矿的比较研究（英文）[J]. Transactions of Nonferrous Metals Society of China, 2019, 29 (6): 1294-1303.

[190] 郝晓东，刘学端，杨琴，刘宏伟，尹华群，邱冠周，梁伊丽. 混合中度嗜热微生

物浸出两种不同类型低品位铜尾矿的比较研究（英文）[J]. Transactions of Nonferrous Metals Society of China，2018，28（9）：1847-1853.

[191] 余肇璟，余润兰，刘阿娟，刘晶，曾伟民，刘学端，邱冠周. 生物浸出黄铜矿中pH值对嗜酸氧化亚铁硫杆菌分泌胞外蛋白和胞外多糖的影响（英文）[J]. Transactions of Nonferrous Metals Society of China，2017，27（2）：406-412.

[192] 刘佳晨，刘金辉，徐玲玲，周义朋，文旭祥. 生物浸矿微生物群落结构研究进展[J]. 稀有金属，2021，45（10）：1258-1268.

[193] 廖蕤，于世超，邬柏强，赵春晓，林豪，洪茂鑫，武海艳，杨聪仁，张雁生，谢建平，覃文庆，王军，邱冠周. 硫化矿物生物冶金：微生物-化学协同湿法冶金过程及酸性矿山废水的环境保护情况（英文）[J]. Journal of Central South University，2020，27（5）：1367-1372.

[194] 王鑫. 微生物对低品位含钒石煤的浸出及机理研究［D］. 北京：北京科技大学，2017.

[195] Sheng-hua Yin，Wei Chen，Xing-le Fan，Jia-ming Liu，Li-bo Wu. Review and prospects of bioleaching in the Chinese mining industry［J］. International Journal of Minerals Metallurgy and Materials，2021，28（9）：1397-1412.

[196] Wei Chen，Shenghua Yin，I. M. S. K. Ilankoon. Effects of forced aeration on community dynamics of free and attached bacteria in copper sulphide ore bioleaching［J］. International Journal of Minerals Metallurgy and Materials，2022，29（1）：59-69.

[197] Haruki Noguchi，Naoko Okibe. The role of bioleaching microorganisms in saline water leaching of chalcopyrite concentrate［J］. Hydrometallurgy，2020，195：105397.

[198] Qian L，Xiaobei L，Jinfang M，et al. Bidirectional effects of sulfur-oxidizer Acidithiobacillus thiooxidans in uranium bioleaching systems with or without sulfur by mixed acidophilic bacteria［J］. Journal of Radioanalytical and Nuclear Chemistry，2023，332（6）：1787-1794.

[199] 刘芳. 低温改良气调包装半加工菜贮藏特性研究［D］. 上海交通大学，2007，96.

[200] 姜启源. 数学模型［M］. 2版. 北京：高等教育出版社，1993.

[201] 徐文科. 基于微分方程的生态数学模型统计分析［D］. 黑龙江：东北林业大学，2009.

[202] 郑学成. 基于种间相互作用的根瘤菌、红酵母菌对氧化亚铁硫杆菌浸出黄铜尾矿的影响研究［D］. 重庆：重庆大学，2014.

[203] 邱冠周，曾伟民，周洪波，刘学端，徐竞. 生物浸出过程中矿物表面胞外多聚物的提取方法［P］. 湖南：CN101561371.

附 录

A. m 菌的测序结果

CAAACCAAATCCCATGGTGTGACGGGCGGTGTGTACAAGGCCCGGGAACGTATTCACC
GCGGCATGCTGATCCGCGATTACTAGCGATTCCACCTTCATGCACTCGAGTTGCAGAGTGCA
ATCCGAACTGAGACGGCTTTTTGAGATCAGCTCGGTGTCACCACCTGGCTTCCCACTGTCAC
CGCCATTGTAGCACGTGTGTAGCCCAGGACATAAGGGCCATGAGGACTTGACGTCATCCCC
ACCTTCCTCCGGCTTGTCACCGGCAGTTCCTTCAGAGTGCCCACCCAAACATGCTGGCAACT
GAAGGCGAGGGTTGCGCTCGTTGCGGGACTTAACCCAACATCTCACGACACGAGCTGACGA
CAGCCATGCAGCACCTGTGCGGGAGCCCCTTGCGGGAAAGTCCATCTCTGGACCGGTACTC
CCCATGTCAAATCCTGGTAAGGTTCTGCGCGTTGCTTCGAATTAAACCACATGCTCCACCGCT
TGTGCGGGCCCCCGTCAATTCCTTTGAGTTTCAACCTTGCGGCCGTACTCCCCAGGCGGTGT
GCTTACCCGCGTTAGCTACGACACTGAAGTGCTAAGCACCCCAACATCCAGCACACATCGTT
TACAGCGTGGACTACCAGGGTATCTAATCCTGTTTGCTCCCCACGCTTTCGCGCCTCAGCGTC
AGTAATGGACCAGGTTGCCGCCTTCGCCACCGGTGTTCTTTCCAATATCTACGAATTTCACCT
CTACACTGGAAATTCCACAACCCTCTTCCATACTCAAGACAACACGTCTCAGACGCAGTCCC
CAGGTTGAGCCCAGGAATTTCACGCCTGACTGTGCCGTCCGCCTACGCGCCCTTTACGCCCA
GTCATTCCGAGCAACGCTAGCCCCCTTCGTATTACCGCGGCTGCTGGCACGAAGTTAGCCGG
AGCTTATTCTGCGGGTACCGTCATCATCGTCCCCGCCAAAAGGACTTTACAATCCGAAGACC
TTCTTCATCCACGCGGCATTGCTGGATCAGGCTTTCGCCCATTGTCCAATATTCCCCACTGCT
GCCTCCCGTAGGAGTCTGGGCCGTGTCTCAGTCCCAGTGTGGCTGATCATCCTCTCAGACCA
GCTACTGATCGCAGGCTTGGTAGGCCTTTACCCCACCAACTACCTAATCAGACGCAGGCTCC
TCCCCAGGCGACTTTCGCCTTTGCCCCTCAGGGATCATGCGGTATTAGCCGTAGTTTCCCAC
GGTTGTCCCCCACCCAAGGATAGATTCCTACGCGTTACTCACCCGTCCGCCACTGACAGGTT
GCCCTGCCCGTGCGACTTTGC